铟基MOFs衍生物的合成及其储锂性能研究

薛迎辉　王玉华　徐天杰　著

汕頭大學出版社

图书在版编目（CIP）数据

钢基 MOFs 衍生物的合成及其储锂性能研究 / 薛迎辉，王玉华，徐天杰著．-- 汕头 ：汕头大学出版社，2025．1．-- ISBN 978-7-5658-5524-5

Ⅰ．TG146.4

中国国家版本馆 CIP 数据核字第 2025821UA8 号

钢基 MOFs 衍生物的合成及其储锂性能研究

YINJI MOFs YANSHENGWU DE HECHENG JI QI CHULI XINGNENG YANJIU

著　　者：薛迎辉　王玉华　徐天杰
责任编辑：汪艳蕾
责任技编：黄东生
封面设计：寒　露
出版发行：汕头大学出版社
　　　　　广东省汕头市大学路 243 号汕头大学校园内
　　　　　邮政编码：515063
电　　话：0754-82904613
印　　刷：定州启航印刷有限公司
开　　本：880 mm×1230 mm　1/32
印　　张：3.75
字　　数：78 千字
版　　次：2025 年 1 月第 1 版
印　　次：2025 年 1 月第 1 次印刷
定　　价：58.00 元
ISBN 978-7-5658-5524-5

前 言

纳米结构金属硫化物由于其高比容量以及地球上丰富的原材料而被认为是锂离子电池极具潜力的负极材料。In_2S_3 作为锂离子电池的负极材料表现出较高的理论容量（1 012 $mAh \cdot g^{-1}$），但是充电和放电过程中的体积膨胀会导致容量快速下降，而较差的导电性往往会使倍率性能较差。为了解决这些问题，提高锂离子电池的性能，对 In_2S_3 负极材料的结构设计迫在眉睫。

基于特定组成和结构的金属有机骨架（metal-organic frameworks, MOFs）材料构建 MOFs 衍生物用于锂离子电池负极材料已成为储能领域的热点。本书以铟基 MOFs 为主体，围绕 In_2S_3 材料及其复合材料的制备、特征分析、电化学性能测试、储锂机制展开，系统研究了提升锂离子电池性能的有效方法。具体研究内容如下：第 1 章对锂离子电池负极材料的研究现状以及 MOFs 材料在锂离子电池中的应用进行了总结；第 2 章对实验采用的试剂、仪器以及电极材料的研究方法进行了介绍；第 3 章介绍了 In_2S_3/C 负极材料的制备及其储锂性能，这一章以 In-MOFs 为自牺牲模板，通过水热硫化制备了非晶 / 晶态 In_2S_3/C 纳米管阳极；第 4 章介绍了 $Zn_xIn_yS/MXene$ 负极材料的制备及其储锂性能，这一章通过一锅法合成了双金属 MOFs 材料，并在硫化过程中加入 MXene 材料形成了复合物。

本书对从事锂离子电池研究的研究生、科研工作者和锂离子电池行业从业人员具有较好的借鉴作用。

但由于时间关系，书中难免存在不足，敬请国内外同行不吝指正。

目　录

第 1 章　锂离子电池负极材料的研究现状和 MOFs 材料的研究进展

随着人们对地球资源的开发和利用，环境污染和能源枯竭问题越来越严峻，发展可再生能源在当今社会显得尤为重要，人们对于可再生能源的使用要求催生了实现高效智能地收集、存储和利用能源技术的需求。电能与化学能的存储与转化有助于改善太阳能、风能和波浪能等可再生能源的间歇性问题。在当今社会中，电池和电容器是电能与化学能存储与转化的典型代表，目前已经进入商用阶段。电池作为一种高效的储能装置，具有高能量密度、高功率密度、快速充放电等优点，广泛应用于电动汽车和便携式电子设备。电池的开发和利用极大地促进了人类对可再生能源的利用，给社会生活带来了便利。电极材料在很大程度上影响着电池的性能，因此寻找合理的优质电极材料是解决能源问题的关键课题。

自 1991 年日本索尼公司将锂离子电池商业化以来，锂离子电池产业蓬勃发展，掀起了电子产业的热潮。与其他商业化的二次电池相比，锂离子电池具有能量密度高、能量效率高、无记忆效应、放电速度快、自放电率低等优点，广泛应用于多种电子设备，如手机、笔记本计算机等。随着科技的不断革新，锂离子电池在如今的新能源汽车市场中占有一席之地，新能源汽车的发展也反过来推动着锂离子电池容量和安全稳定性的提升。石墨作为锂离子电池的传统负极材料，它的容量（372 mAh · g^{-1}）有限，随着各种储能场景对能量密度和运行可靠性的需求的提高，石墨负极材料已不能满足应用需求，人们需要寻找一种比容量高、循环稳定性高、安全性高的负极材料。

1.1　锂离子电池简介

Whittingham（1976）采用 Ti_2S 和金属锂首次提出了初代锂离子电池的结构，但是由于金属锂是一种活性高的金属，它暴露在空气或水中会发生剧烈反应，因此具有极大的安全隐患。Armand（1980）提出了“摇椅式电池”的新概念，他用嵌入和脱出物质作为二次锂离子电池的正极和负极来组成没有金属锂的电池，充电和放电过程中锂离子在正极和负极间来回穿梭，反复循环，这种电池相当于锂的浓差电池。Mizushima 等（1980）首次应用层状结构化合物 $LiCoO_2$ 作为锂离子电池的正极材料。Yazami 和 Touzain（1983）在电化学电池中成功实现了 Li^+ 在石墨中的可逆脱嵌，为锂离子电池的发展奠定了基础。自此，全球开始了碳材料在锂离子电池负极中的研究。由于这一可充放体系不含金属锂，因此这类摇椅式电池被称为锂离子电池。

实验室中常用的是纽扣形锂离子电池，它主要由 4 个部分组成：正极、负极、电解液、隔膜，如图 1.1 所示。

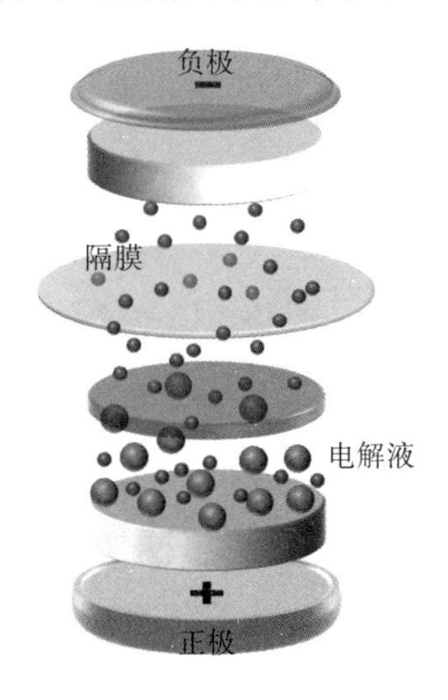

图 1.1　纽扣形锂离子电池的组成

在纽扣形锂离子电池中，决定电池性能的是正极和负极材料。正极和负极材料一般是由活性物质、黏结剂和导电剂混合后，再均匀涂覆在不同的集流体上形成的，正极集流体一般为铝箔，负极集流体一般为铜箔。正极和负极之间通过隔膜隔开，防止正极和负极直接接触发生短路，而锂离子可以通过隔膜自由地在正极和负极间来回穿梭。正极材料的活性物质一般选择 $LiFeO_4$、$LiCoO_2$、$LiMn_2O_4$ 等三元材料提供锂源，它们具有较高的电极电位；而负极材料的活性物质一般以碳材料为主。以由 $LiCoO_2$ 为正极材料、石墨为负极材料组成的锂离子电池为例，其反应方程式如下：

正极：

$$LiCoO_2 = Li_{1-x}CoO_2 + xLi^+ + xe^- \quad (1.1)$$

负极：

$$6C + xLi^+ + xe^- = Li_xC_6 \quad (1.2)$$

总反应：

$$LiCoO_2 + 6C = Li_{1-x}CoO_2 + Li_xC_6 \quad (1.3)$$

在充电过程中，内电路的锂离子从 $LiCoO_2$ 中脱出进入电解液，定向移动到负极材料，最后嵌入石墨的层间，完成“脱锂嵌锂”过程；电子则通过外电路从正极流向负极，正极发生氧化反应，负极得到电子发生还原反应。而在放电过程中，内电路的锂离子从负极脱出并重新回到正极，再次完成“脱锂嵌锂”过程；外电路中电子从负极流向正极。

锂离子在发生脱嵌的过程中，完成了电池的充电和放电过程，实现了电能与化学能的互相转换，即电能的储存与释放，其工作原理如图 1.2 所示。

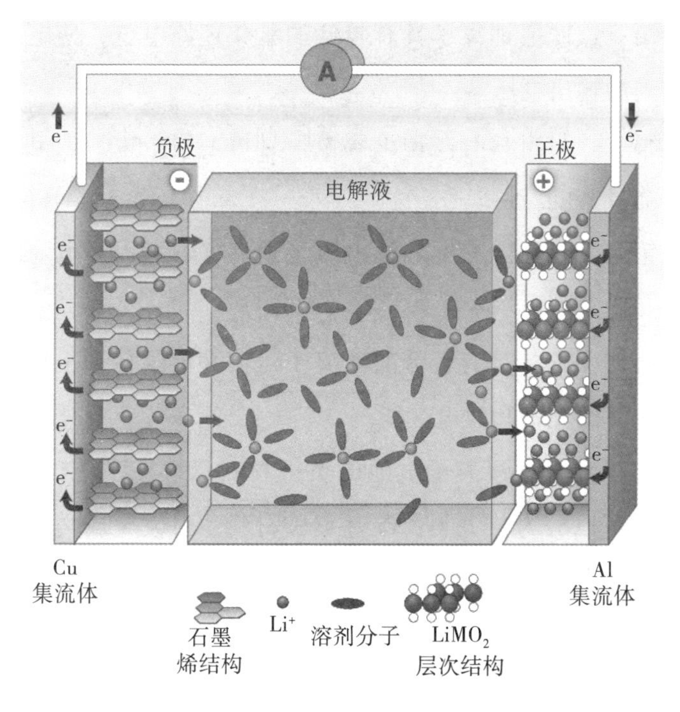

图 1.2　锂离子电池工作原理图

1.2　锂离子电池负极材料

目前，锂离子电池正极材料的容量开发已经达到饱和。近年来，为了使锂离子电池拥有更高的能量和功率密度，负极材料作为关键部分得到了广泛研究。负极材料的选择需要满足下列条件。

第一，脱嵌锂离子具有较低的氧化还原电位，使电池具有较高的输出电压。

第二，材料具有高理论容量，且可逆容量大，使电池具有高能量密度。

第三，材料经充电和放电后稳定性好，可提高电池的循环性和稳定性。

第四，材料具有较低的锂离子运输和电子传导阻抗，可获取更高的充电和放电性能。

迄今为止，锂离子电池的负极材料已研究了上千万种，但最终可以分为三大类：碳基负极材料、过渡金属类负极材料、合金类负极材料。

1.2.1 碳基负极材料

碳基材料具有成本低、易于制备、形态多样等优点，它作为锂离子嵌入和脱嵌机理的代表，被认为是目前较为实用的负极材料。碳基材料可分为石墨类碳和无定形碳两类。

石墨类碳通常指的是由石墨结构组成或类似石墨的碳材料，包括石墨、石墨烯、碳纳米管等。石墨是由 sp^2 杂化碳原子通过范德华力和 π–π 键的相互作用连接而成的层状晶体，碳原子呈六角形排列并在二维方向上延伸。石墨的堆叠方式形成了具有基面和边缘面的结构，这种层状结构赋予了石墨表面的各向异性。石墨在费米能级附近具有可忽略的带隙，并且具有低态密度。根据能带理论，石墨的导电性使石墨成为电极材料的绝佳选择。石墨作为一种层状碳材料，是最理想的嵌入式负极材料。锂离子嵌入后可形成层状 LiC_6，LiC_6 具有优异的嵌入和脱锂动力学性能，是一种较为完善的负极材料。石墨负极的挑战之一是要控制好锂离子在石墨中的扩散速率。当充电速率大于锂离子嵌入石墨晶体的速率时，石墨电极上会产生锂金属涂层，影响倍率性能。Billaud 等（2016）致力电极工程，发现通过改变石墨颗粒的取向而不改变孔隙率、颗粒形貌等条件，可以在高容量条件下实现高负载率。Lu 等（2022）利用不含聚合物黏合剂的浆料，通过自组装构建了双梯度孔石墨复合电极，通过改变结构，石墨电极的孔隙率和粒径呈双梯度排列，使这种结构下锂离子的扩散速度更快，其倍率性能远远超出现有电极。

无定形碳负极材料是指由碳原子构成的非晶态或非晶态结构的碳材料，通常不具备明确定义的晶体结构，如炭黑、硬碳和软碳等。与传统的石墨类负极材料相比，无定形碳材料具有一些独特的性能和优势。无定形碳的有序区域非常小，局部层的距离变化很大，材料内部有不同的区域，包括空位簇、杂原子和官能团，这些因素使无定形碳相比石墨类碳有不同的电化学特性。与石墨相比，锂离子可在无定形碳的无序区域发生一种连续嵌入反应，在空位和较大空穴区域吸附锂离子。然而，这种额外的容量只能在非常低的充电速率下才可使用。所有的无定形碳负极都有如下特点：第一，无定形碳的结构有序性低，但是在小倍率放电下有很高的比容量；

第二，无定形碳在第 1 个循环周期内有较高的容量损耗；第三，无定形碳在脱锂和嵌锂的过程中存在很大的滞后电压。

1.2.2 过渡金属类负极材料

过渡金属元素（M=Fe、Mn、Co、Ni）价格低廉、资源丰富，可与一些非金属元素（X=F、O、S、P、N）形成过渡金属化合物，常见的有过渡金属氧化物、过渡金属硫化物、过渡金属磷化物等。过渡金属类负极材料一般属于转换型材料，不同于石墨类碳材料的插层反应，转换型材料的反应机制基于氧化还原反应。在放电条件下，锂离子与过渡金属化合物发生反应形成相应的锂盐，同时过渡金属化合物得到电子还原成金属纳米晶单质。在充电条件下，发生氧化反应的金属纳米晶单质失去电子转变为金属阳离子，重新与锂盐中的阴离子结合形成过渡金属化合物。整个过程的反应方程式为

$$M_aX_b + (n \cdot b)Li^+ + (n \cdot b)e^- \rightleftharpoons aM + bLi_nX \quad (1.4)$$

图 1.3 详细展示了充电和放电过程中插层反应与转化反应之间的对比机制。在插层反应中，每个过渡金属最多只能转移 1 个电子，转化反应则能实现 2 至 6 个电子的转移。转化型储锂材料的可逆性深受锂结构特性的影响。在充电和放电循环中，活性颗粒因体积的反复膨胀与收缩使组分偏析，进而使颗粒间接触不良，转化效率随之下降。纳米级的过渡金属化合物由于纳米尺寸效应引发的极高表面自由能和反应

活性，使过渡金属化合物与锂离子间的氧化还原反应展现出极高的可逆性，并拥有极具研究价值的理论比容量。

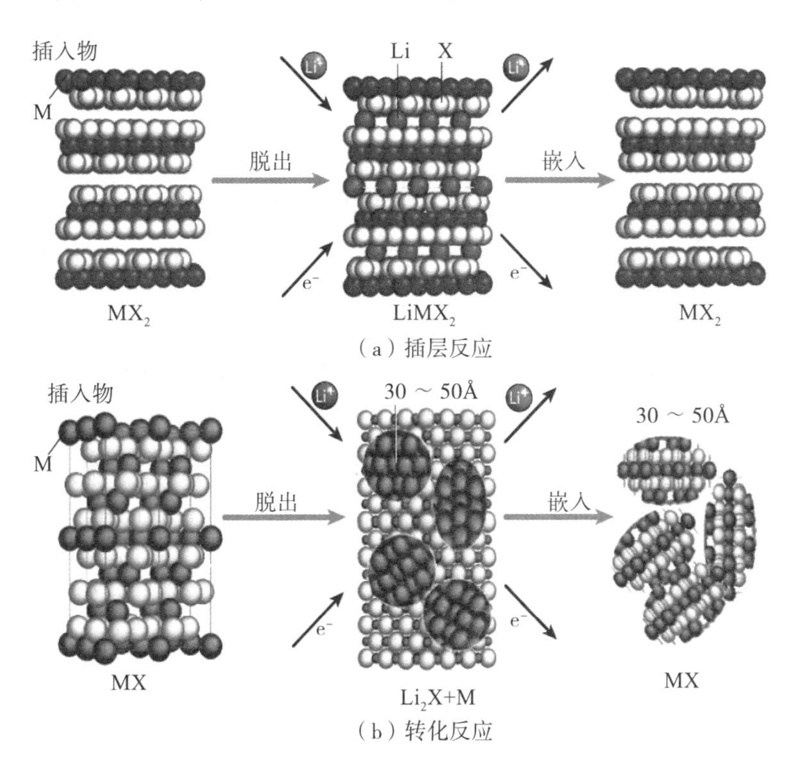

图 1.3　插层反应和转化反应的对比机制

过渡金属氧化物（TMOs）是比较常见的转化反应负极材料。由于存在氧化还原反应的嵌锂反应会比单纯的插层反应产生更高的比容量，且过渡金属氧化物的相对分子质量比碳材料更大，相同体积的过渡金属氧化物能储存更多的锂离子，因此过渡金属氧化物的体积比容量更高。过渡金属氧化物电极具有较高的理论比容量（500 ～ 1 000 $mAh \cdot g^{-1}$）、可调的工作电压和优异的循环性能。与商业化生产的石墨负极相比，TMOs 负极材料可以避免锂枝晶的产生，并具有更好的安全性和更高的比容量。但目前 TMOs 的商业化应用尚不成熟，仍存在许多问题有待解决，包括导电性差、体积膨胀大导致的电极粉化以及电解液持续分解等问题。TMOs 与导电碳材料的结合是解决 TMOs 导电性差的策略，可以有效提高整体材料的导电性。例如，Fe_2O_3 和 Fe_3O_4 的理论容量分别为 1 000 mAh · g^{-1} 和 926 mAh · g^{-1}，广泛用作负极材料。研究人员把铁基氧化物与碳材料或碳涂层相结合，利用不同组分之间的协同作用来提高电导率。Lee 等（2013）通过自组装方法制备了空心 Fe_3O_4 纳米团簇，该材料表面覆盖有碳涂层，在 100 次循环后比容量没有下降，而普通 Fe_3O_4 纳米颗粒在 80 次循环后仅保留了初始容量的 76.6%。Wei 等（2013）使用石墨烯片包裹 Fe_3O_4 并将其限制在三维石墨烯网络中，为充电和放电过程中的体积变化提供了足够的空间，并且互连的石墨烯也增加了电导率，该材料在 150 次循环后仍具有 1 059 mAh · g^{-1} 的可逆容量，并且在 4 800 mAh · g^{-1} 的电流密度下表现出 363 mAh · g^{-1} 的容量。Gao 等（2015）采用水热法将 CNT 原位连接到 α-Fe_2O_3 微球上，使材料的循环稳定性得到了很大提高。Dong 等（2016）开发了一种在石墨烯上构建改性空心 Fe_2O_3 纳米结构的方法，该方法在一定程度上阻止了石墨烯纳米片的聚集，并控制了金属氧化物的分布，该开发策略具有高度可扩展性，适合多种金属氧化物和碳纳米片的组合。

与过渡金属氧化物相比，过渡金属硫化物具有更高的理论比容量、导电率和热稳定性，其中 MoS_2 是一种常见的过渡金属二硫化物，具有二维层状结构和可调节带隙。MoS_2 的结构是典型的“S–Mo–S 三明治”结构，MoS_2 分子中的钼原子和硫原子通过共价键连接，各层通过范德华力连接，相邻层之间的距离约为 0.614 nm，约为石墨（0.335 nm）的 2 倍。当 MoS_2 用作负极材料时，其层状结构有利于锂离子的嵌入和脱嵌，其更宽的层间距离可以暴露更多的反应位点，从而表现出更高的理论比容量（超过 669.0 $mAh\cdot g^{-1}$）。关于 MoS_2 负极的储锂机制，研究表明其充电和放电过程依次涉及插层反应和转化反应，电化学反应方程式为

$$MoS_2+xLi^++xe^- = Li_xMoS_2 \tag{1.5}$$

$$Li_xMoS_2+(4-x)Li^++(4-x)e^- = 2Li_2S+Mo \tag{1.6}$$

插层反应生成 Li_xMoS_2，随后的转化反应生成 Mo 和 Li_2S，且转化反应不可逆。在第 1 次充电期间，主要发生的是 Li_2S 的脱硫反应。在随后的充电和放电过程中，容量的维持主要依靠这种可逆的氧化还原反应。电化学反应方程式如下：

$$Li_2S \rightleftharpoons 2Li^++S+2e^- \tag{1.7}$$

MoS_2 作为锂离子电池负极未能实现良好的商业化，主

要是由于以下问题：第一，MoS_2 的本征电子电导和离子电导较差，导致锂离子扩散的动力学过程缓慢，表现出较低的比容量和较差的倍率特性；第二，充电和放电过程往往伴随着显著的体积膨胀和收缩，这很容易导致材料结构的崩溃。为了解决这些问题，人们采用了许多改性措施来增强 MoS_2 基材料的电化学性能。Li 等（2019）通过改进的模板法制备了具有层状结构的 MoS_2/N 掺杂碳多孔纳米棒的复合材料（MoS_2/NC-PNR），其制备过程如图 1.4 所示。纳米结构可有效缩短离子扩散的路径，棒状多孔结构可提供丰富的活性位点。因此，该材料具有较高的储锂容量和较好的循环稳定性，它在 0.1 C 倍率下表现出高初始放电容量（1 294.0 mAh · g^{-1}）；在 2 C 倍率下循环 700 次后，仍然能表现出约 520.0 mAh · g^{-1} 的稳定容量。

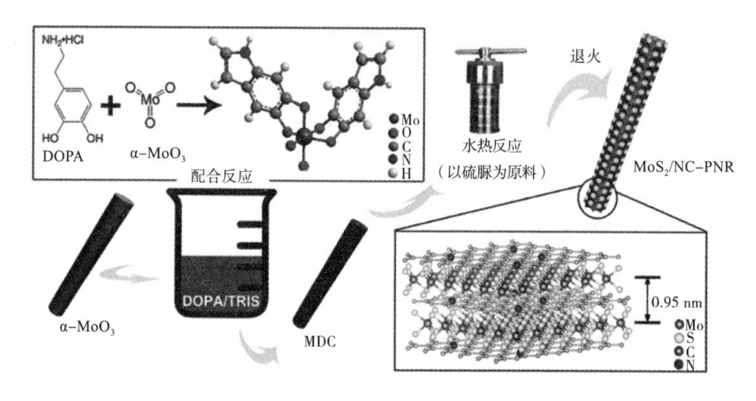

图 1.4　MoS_2/NC-PNR 的制备过程示意图

1.2.3　合金类负极材料

合金类负极材料通常是指金属锂与第ⅣA 族与第ⅤA 族的金属或非金属元素形成的合金材料，典型的有 Si、Ge 和 Sn 等。合金类负极材料的理论储锂容量是石墨的数十倍，并且具有较高的脱嵌锂电位，可有效防止锂枝晶的产生，提高电池的安全性能。合金类负极材料的储锂机制依靠的是锂离子在充电和放电过程中的合金化和去合金化，化学反应方程式可表达为

$$M+xLi^{+}+xe^{-} \rightleftharpoons Li_{x}M \tag{1.8}$$

Si 是常见的合金类材料，它的理论容量高达 4 200 mAh · g^{-1}，是目前比容量最高的负极材料，也是除石墨之外投入商用的负极材料。硅基材料在锂离子电池领域展现出了巨大的潜力，但锂化过程中引发的显著体积变化（高达 300% ~ 400%）已成为制约硅基材料进一步发展的核心难题。这一巨大的体积变化引发了严重的应力，导致活性颗粒聚集，进而阻碍了锂离子的有效扩散，降低了电池的倍率性能。更为严重的是，剧烈的体积变化还可能导致电极材料的断裂，进而造成负极材料与电解液界面处的 SEI 层发生破裂，SEI 层一旦破裂，将在硅表面重新形成，这一过程不仅消耗了正极处的锂离子，还导致了不可逆的容量损失，从而引发了电池的安全问题。因此，解决硅基材料在锂化过程中的体积变化问题，对于提升硅基材料的性能具有至关重要的意义。

纳米硅基材料可以减少电荷转移的距离，提高倍率性能。Xiao 等（2015）以空心 SiO_2 为原料，通过化学转化方法合成了新型层状多孔硅微球，其合成及锂化脱锂示意图如图 1.5 所示。这些微球显著提升了锂离子的扩散通量，使电池性能得到优化。在充电和放电循环中，微球展现出独特的向内膨胀与收缩的体积变化特性，这与传统固体硅锂材料在充电和放电过程中的向外膨胀行为形成鲜明对比。向内体积变化的特性显著增强了结构尺寸的稳定性，有助于稳定 SEI 层的形成，最终实现了高容量保持率和卓越的循环寿命。Zhu 等（2019）提出了一种使碳原子在原子尺度上均匀分布在氧化硅骨架上的新方法，这种硅基材料与碳质材料的复合策略有效解决了导电性能不佳和体积膨胀的问题。实验结果表明，该纳米复合材料展现出了卓越的循环稳定性。Liu 等（2014）利用硅纳米球制备了类似石榴结构的负极材料，这种材料的硅纳米颗粒被包裹在微米级的碳骨架中。

Ge 是一种常见的半导体材料，与 Si 属于同一主族。与硅相比，Ge 的电导率和锂离子扩散速率更好，且锗基负极材料的表面氧化层较薄，库仑效率往往较高。锗基负极材料的体积膨胀是各向同性的，负极材料受到均匀的应力，避免了应力集中导致的电极材料开裂的问题。但 Ge 也面临着与 Si 相同的体积膨胀问题。Ge 作为一种稀有金属，其成本相对较高。在电池循环过程中，Ge 和锂离子形成锂锗合金，可以形成局部富锂区域，提高 Ge 基负极的储锂性能。

与硅类似，纳米化和复合化是解决锗基负极材料固有缺点的有效改进措施。Wang 等（2016）用 Mg 还原 GeO_2，合成了直径约 30 nm 的锗纳米粒子，所制备的纳米粒子在电流密度为 3.2 $A \cdot g^{-1}$ 时的可逆容量为 909 $mAh \cdot g^{-1}$。Li 等（2016）将锗纳米粒子封装在空心碳盒中以获得 Ge@carbon 立方体，空心碳盒为纳米粒子的膨胀提供了空间，有效阻止了纳米粒子的聚集，在 0.5 C 倍率下，材料的可逆容量达到 1 065.2 $mAh \cdot g^{-1}$，可维持 500 次稳定循环。

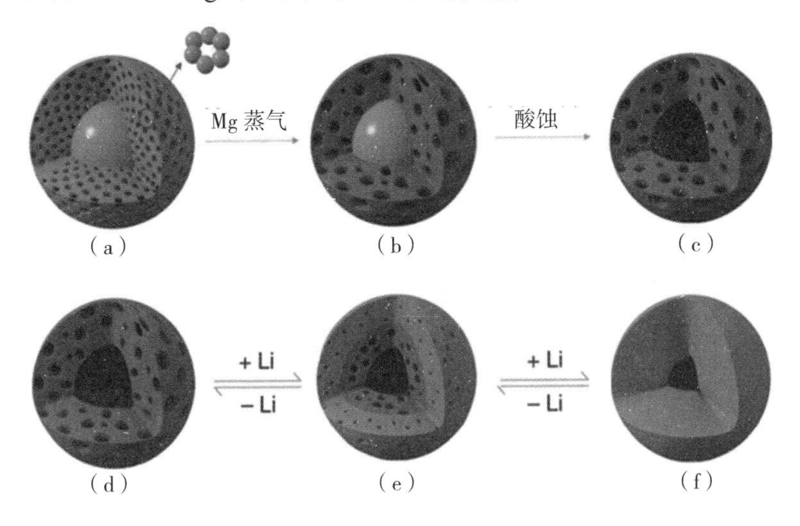

图 1.5　多孔硅微球的合成及锂化脱锂示意图

蛋黄壳结构和石墨烯基 3D 导电网络的结合可以充分利用各自的优势，进一步增强高容量锗负极的电化学性能。目前，通过空间受限沉积方法合成的蛋黄壳纳米结构很少，大多数蛋黄壳纳米结构都是基于空心球的结构。Liu 等（2022）

提出了一种双重保护策略，他们将锗纳米粒子封装到 3D HCS-rGO 基质中，通过空间限制的沉积策略形成蛋黄壳结构，其合成过程如下（图 1.6）：首先制备 3D 导电 HCS-rGO，然后在有限的纳米空间中渗透并还原 GeO_2 前驱体，形成蛋黄壳 Ge@HCS-rGO 复合材料。蛋黄壳 Ge@HCS-rGO 的设计可以提供双重保护：一是在蛋黄壳结构中设计合理的空间能够为适应锂化时具有保护性碳壳的锗核颗粒的体积膨胀提供缓冲区；二是 HCS-rGO 具有分级孔的导电网络，有利于提供快速的电子和锂离子传输通道。得益于独特的结构双重保护，所合成的 Ge@HCS-rGO 负极在 0.2 C 下可表现出 2 117.3 mAh g^{-1} 的高放电容量，经过 200 次循环后放电容量高达 958.6 mAh g^{-1}，且具有优异的倍率，电流密度为 4 C 时的容量为 1 010.0 mAh g^{-1}。

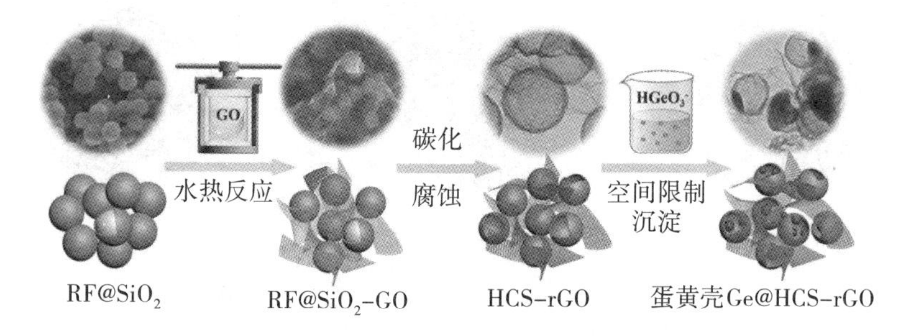

图 1.6　蛋黄壳 Ge@HCS-rGO 复合材料的空间限制合成路线示意图

1.3　金属有机骨架材料及其衍生物

1.3.1　金属有机骨架材料简介

金属有机骨架（MOFs）是一种新型多孔材料，由金属离子或团簇和有机配体通过配位键相互耦合而成。这种结晶的多孔材料具有高比表面积、高孔隙率和结构可控性等优点，在电池、催化、气体传感等领域有显著成就。MOFs 材料最早由 Yaghi 等（1995）提出。MOFs 是一种多孔结晶材料，是由金属离子通过强配位键与有机配体配位形成的网格结构晶体，具有良好的结晶度、可调的晶体结构和组成等优点。通过改变有机配体和金属单元或修改合成条件，研究者可以很容易地制备 MOFs。如今，人们已经发现了 2 万多个具有不同晶体结构、组成和形态的 MOFs，并且这个数字还在增加。金属离子（如 Cr^{3+}、Fe^{3+}、Al^{3+}、Mn^{2+}、Co^{2+}、Cu^{2+}、Cu^{2+}、Zn^{2+} 和 Zr^{4+}）或离子簇可组成框架中的无机节点或顶点，即次级结构单元（SBUs），如 $Zn_4O(COO)_6$、$Cu_2(COO)_4$、$Cr_3O(H_2O)_3(COO)_6$ 和 $Zr_6O_4(OH)_{10}(H_2O)_6(COO)_6$。这些节点通过配位键连接到有机配体上，有机配体通常包含羧酸盐、磷酸盐、吡啶和咪唑盐酸盐或其他唑酸官能团，如图 1.7 所示。不同的配体与具有不同几何形状和连接性的金属节点或 SBUs 相结合，产生了广泛的框架拓扑结构。值得注意的是，实验制备的 SBUs 主要包括大多数过渡金属、几个主族金属、碱金属、碱土金属、镧系元素和锕系元素，这些单位中的金属原子数量从 1 到 8（或更多）不等。

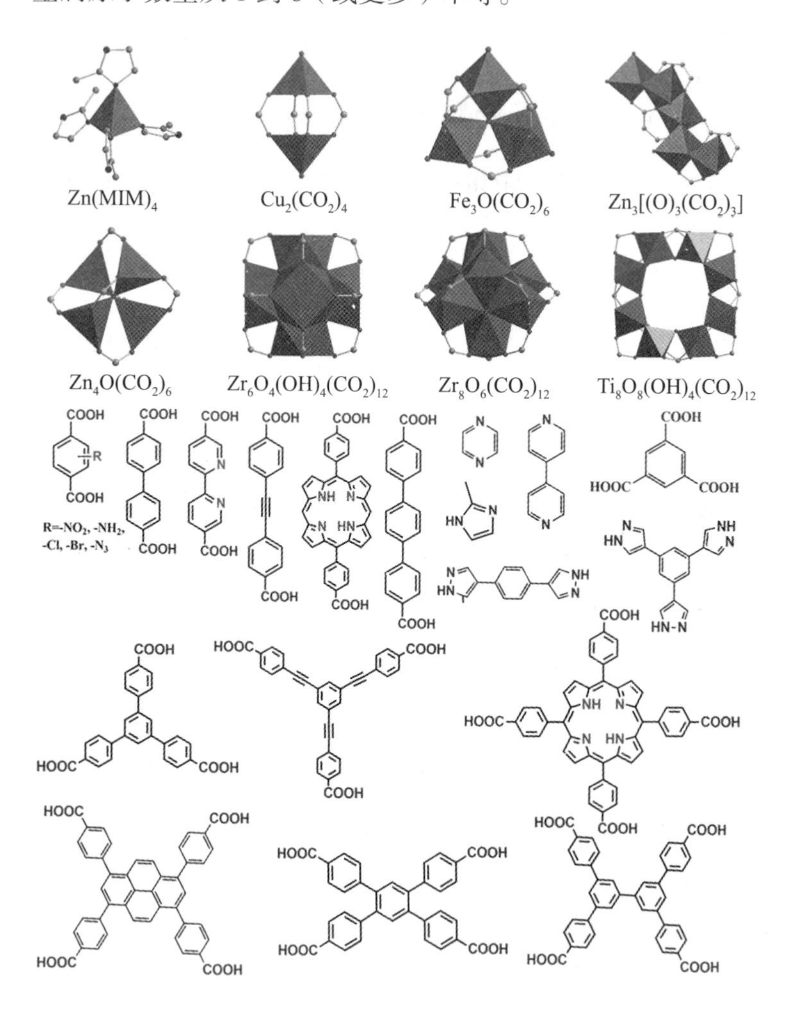

图 1.7　代表性 SBUs 和 MOFs 的有机配体

到目前为止，有 3 种 MOFs 材料被广泛研究。

一是重复网络 MOFs(IRMOFs)，它主要是通过 $[Zn_4O_6]^+$ 金属簇与羧酸基有机配体键合而成，具有较大的孔穴及孔容。在 IRMOFs 系列中，MOFs-5 是比较常见的一种，它是由锌离子和 1,4- 对苯二甲酸配位形成的三维立体材料，这种结构具有高比表面积，对气体和有机分子表现出很好的吸附力。

二是沸石咪唑酯骨架（ZIFs），它由 Zn 或者 Co 与咪唑（或咪唑衍生物）环上的氮原子以四配位的方式组装而成。ZIFs 具有一系列的结构并且易于功能化，常见的 ZIFs 类型有 ZIF-8 和 ZIF-67。另外，ZIFs 具有较高的热稳定性和化学稳定性，其中 ZIF-8 可以在 100℃的 8 mol/L NaOH 水溶液中长时间浸泡。

三是拉瓦锡材料研究所骨架（MILs），它使用三价过渡金属离子（如 Cr^{3+}、Al^{3+} 或 Fe^{3+}）与羧酸基配体配位而成。MILs 具有极高的比表面积，其中 MIL-100 和 MIL-101 是较为常见的两种类型。

最初，MOFs 材料主要用于气体储存领域，但慢慢地，它们的作用扩展到各种应用领域，如气 / 液吸附和分离、药物输送以及多相催化等。此外，MOFs 还被认为是满足先进储能技术要求的候选材料。MOFs 具有较大的比表面积、大的孔隙体积等优势，在制备过程中可以通过选择和加工适当的构件来设计所需的性能。多孔性也是 MOFs 材料的特点之一，在能量储存和电荷传输方面发挥着重要作用。

1.3.2 金属有机骨架材料衍生物

由前面的讨论可以得知，MOFs 具有良好的应用前景，成为储能领域的研究热点。但是传统 MOFs 的导电性和稳定性比较差，限制了实际应用。为了解决上述问题，一些 MOFs 被用作载体与纳米材料复合，包括 MOFs 与碳材料 [如活性炭（AC）、碳纳米管（CNTs）、石墨烯]、导电聚合物、金属氧化物等的复合。复合材料中的协同效应不仅可以提高整体材料的导电性，还可以表现出新的物理、化学性能。此外，利用 MOFs 作为前驱体制备衍生材料也可提高 MOFs 的导电性和稳定性。MOFs 可作为多功能自牺牲模板和前驱体，通过煅烧获得各种纳米结构衍生物。与传统 MOFs 材料相比，这些 MOFs 衍生材料具有一些独特的优势，如形貌可控、具有更高的比表面积和导电性、结构规则等。MOFs 复合材料衍生物的多功能上层结构可以进一步丰富材料结构的多样性。

由于丰富的多孔结构以及金属和有机连接体的存在，传统 MOFs 成为各种纳米结构金属化合物、杂原子掺杂碳及其复合材料的前体。根据转化过程中的反应机理，MOFs 衍生物的制备可分为 2 类：热转换和离子交换。

热转换提供了一种有效途径，可通过在特定温度和特定气氛（如空气、氮气或氩气）下直接热解传统 MOFs 来制备各种 MOFs 衍生物。目标衍生物的差异通常意味着热解温度和反应气氛的不同。MOFs 的有机配体可以通过煅烧转化为碳，而金属离子可以用来构建金属基化合物，如金属氧化物、硫化物等。此外，由于碳基有机连接体含量高，传统 MOFs 也被认为是多孔杂原子掺杂碳的理想牺牲模板。Chen 等（2017）提出了一种合成空心 Co_3O_4 纳米纤维的方法，他们使用超细纤维作为锂离子电池负极材料，增加了电极与电解液之间的接触面积，加快了电池循环过程中锂离子的交换速率，内部孔隙结构也很好地适应了钴基材料的体积变化。该衍生物保持了前体的原始形貌，具有良好的结构稳定性。基于 ZIF 中 Co 对碳材料生长的催化作用，Tian 等（2018）利用 MOFs 衍生的碳材料作为碳源来涂覆纳米材料，他们在 MoO_3 纳米棒表面应用 ZIF-8 和 ZIF-67 的混合物作为碳源来调节退火温度，内部 MoO_3 可转化为 MoO_2 或 MoC_2，材料具有良好的空心结构。虽然这两种材料的初始库仑效率较低，但可逆容量会随着循环次数的增加而逐渐增加，多次循环后库仑效率仍能保持 98%，这归因于生成的 MoO_2 可以增强 SEI 的可逆分解。

除了热转换方法，离子交换作为一种固液反应，也是制备结构和组成可调的纳米结构 MOFs 衍生物的有效途径。当有机连接体比金属离子和其他无机阴离子之间的连接力弱时，金属离子之间的相互作用可以在相对温和的条件下发生。有趣的是，该过程可以在形态和结构上产生独特的转变。

1.3.3 金属有机骨架材料及其衍生物在锂离子电池负极材料中的应用

在新兴的电极材料中，MOFs 具有比表面积高、孔径可控、密度低、热稳定性好、晶体结构有序等明显优点，可直接用作电池和超级电容器的电极材料。然而，MOFs 往往具有较低的电导率和较差的稳定性，这限制了 MOFs 的能量存储和转换效率。为了有效应用 MOFs 材料，MOFs 被用作牺牲模板来衍生各种多孔纳米材料，这些材料可以提供高导电性。

MOFs 衍生材料由于其独特的结构和比单一金属氧化物优越的导电性，可用于高性能电池和超级电容器。除了金属氧化物复合材料，MOFs 还被用作衍生金属氧化物或金属氧化物的前体。碳复合材料中，MOFs 的金属节点在碳化过程中可以转化为金属纳米颗粒，有机连接基则转化为多孔碳材料。Guo 等（2015）合成了三层球形空心 CuO@NiO 微球，合成过程如图 1.8 所示。不同层的 Cu、Ni 含量不同：从外层到内层，Cu 含量逐渐减少，Ni 含量向外层增加。层间不同的 Cu 和 Ni 元素浓度梯度与锂离子插入顺序一致。经过 200 次循环后，材料仍然表现出 1 061 $mAh \cdot g^{-1}$ 的高可逆容量。

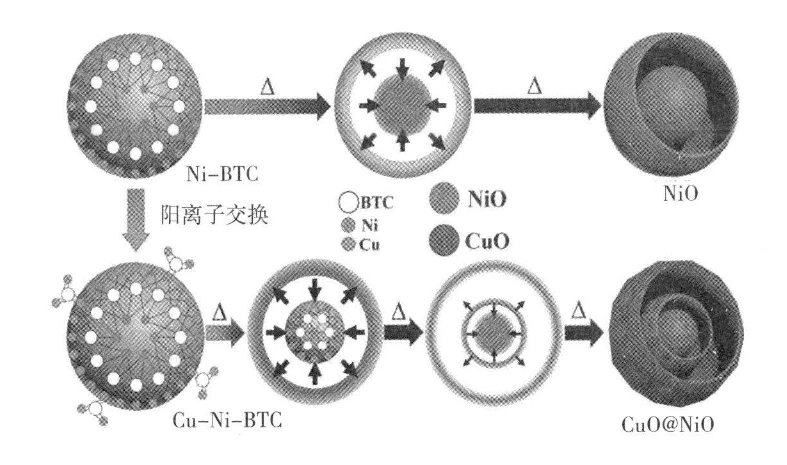

图 1.8　CuO@NiO 的合成过程示意图

1.3.4　金属有机骨架材料及其衍生物在锂离子电池正极材料中的应用

无论用作正极还是负极材料，MOFs 电极材料都具有一些相似的有利特性（如多孔结构、高导电性和结构稳定性），但反应机制也存在一些差异，如一些含有羰基的有机基团、有机二硫化物、含有 C≡N 基团的氰化物可以在较高电压下与锂离子发生反应，一般用作正极材料。Ferey 等（2007）首次制备了一种基于 MOFs 的锂离子电池正极材料 MIL-53（Fe），该材料在 Fe^{3+} 还原为 Fe^{2+} 时表现出 70 mAh · g^{-1} 的低可逆容量。含有 C=O 键的有机分子是研究最多的有机电极材料，其工作原理是利用了 C=O 键与烯醇结构之间的可逆转变。Zhang 等（2014）制备了用于锂离子电池正极的 Cu（2,7-AQDC）

（AQDC 表示蒽醌二羧酸），在这种 Cu–MOFs 中，铜离子和醌连接体均充当电化学氧化还原位点并表现出 147 mAh · g^{-1} 的高比容量。

已被研究用于锂离子电池正极材料的传统 MOFs 的比容量较低且循环寿命不足，已成为实际应用的主要障碍，而 MOFs 的衍生物可以克服上述缺点。Foley 等（2018）制备了一系列由 HKUST–1 MOFs 制备的 CuS_x/C 纳米复合材料，该复合材料保留了 HKUST–1MOFs 的八面体形状，并且 CuS_x 纳米颗粒在碳骨架中均匀分布，其中制备得到的 $Cu_{1.8}S$/C–500 在 200 次循环后表现出良好的循环稳定性，为 220 mAh · g^{-1}。Wang 等（2017）使用 V–MOFs 合成了 $Li_3V_2(PO_4)_3$/ 磷掺杂碳纳米复合材料，该复合材料在 10 C 下表现出 65 mAh · g^{-1} 的高倍率性能和 1 100 次循环的长循环寿命。

1.4　研究内容

随着社会的发展，人们迫切需要开发可再生能源和储能装置来应对能源短缺和环境问题。作为化学储能的主流，二次电池受到了极大的关注，尤其是锂离子电池，它凭借着充电和放电速率快、无记忆效应等优点，在移动通信领域和新能源汽车方面应用广泛。负极是锂离子电池十分重要的组成部分，目前负极材料比正极材料更有发展前景。石墨材料作为一种安全环保的负极材料，近年来得到了广泛的应用。然而，石墨基负极材料也有其自身的缺点，即比容量低，由此带来的库仑效率低和倍率性能差的问题已成为锂离子电池性能不佳的主要原因。因此，人们需要开发具有更高比容量和循环性能更优异的负极材料。目前，人们对于锂离子电池负极材料的研究集中于转换类和合金类负极材料，这些材料可满足电池高功率、高能量密度的要求。金属硫化物具有理论比容量高、成本低、对环境友好等优点，成为储锂的优势负极材料，但也面临着导电率低、充电和放电过程中的体积膨胀问题。MOFs 由金属离子和有机配体组成，两者都具有良好的电荷承载能力。MOFs 具有较大的比表面积和可调的孔径，其多孔结构有利于锂电子的嵌入或脱嵌，并且可以适应电池在充电和放电过程中的体积变化，近年来作为锂离子电池负极材料受到了广泛的关注。基于此，本书选择铟基 MOFs（MIL-68）为研究对象，对铟基 MOFs 及其衍生物的结构和电化学储锂进行讨论，主要内容如下：

第一，通过油浴法合成 MIL-68（In）前驱体，以硫代乙酰胺为硫源进行溶剂热硫化，制备并得到 In_2S_3/C 材料。通过分析材料的形貌结构和成分可知，In_2S_3/C 中既存在晶态又存在非晶结构。本书通过电化学测试以及充电和放电测试评估 In_2S_3/C 作为锂离子电池负极材料的性能。结果表明，In_2S_3/C 纳米管作为负极在 0.5 $A \cdot g^{-1}$ 电流密度下循环 400 次后表现出 693 $mAh \cdot g^{-1}$ 的优异储锂性能。

第二，通过一锅法合成双金属硫化物与 MXene 复合材料。MXene 和双金属 MOFs 衍生硫化物组成的纳米复合结构不仅能够提高复合材料的导电性，还可以缓冲金属硫化物在充电和放电过程中的体积膨胀。结果表明，由于 MXene 和异质结构的协同效应，电极具有较高的储锂性能和快速的离子扩散动力。材料在电流密度为 0.5 $A \cdot g^{-1}$ 的情况下，经过 450 次循环后仍表现出 1 300 $mAh \cdot g^{-1}$ 的优异储锂性能。

第 2 章　实验用品及测试方法

锂离子电池电极材料的研究方法主要包括形貌分析、成分分析、结构分析和电化学性能测试。其中，形貌分析主要采用扫描电子显微镜（scanning electron microscope, SEM）、透射电子显微镜（transmission electron microscope, TEM）等，成分分析主要采用 X 射线光电子能谱（X-ray photoelectron spectroscopy, XPS）、热重分析（thermogravimetric analysis, TGA），结构分析主要采用 X 射线衍射（X-ray diffraction, XRD）、拉曼（Raman）光谱，电化学性能测试则主要包括循环伏安法（cyclic voltammetry, CV）、电化学阻抗谱（electrochemical impedance spectroscopy, EIS）和恒流充放电测试。在测试之前，准备好实验用的药品及实验仪器、制备负极浆料并对电池进行组装也是十分重要的。

2.1　实验药品及实验仪器

2.1.1　实验药品

实验中所使用的药品及材料信息如表 2.1 所示。

表 2.1　实验中使用的药品及材料信息

药品及材料名称	纯度或型号
硝酸铟水合物	分析纯，99.8%
硫化铟	分析纯，99.9%
对苯二甲酸	99%
N,N- 二甲基甲酰胺（N,N–dimethylformamide, DMF）	光谱级，≥ 99.8%
六水合硝酸锌	分析纯，99%
无水乙醇	分析纯，≥ 99.7%
导电炭黑	ECP–600JD
聚偏氟乙烯（polyvinylidene fluoride, PVDF）	Solvay 5130
N- 甲基吡咯烷酮（N–methyl pyrrolidone, NMP）	分析纯，99.9%
一水葡萄糖	药用级
硫脲	分析纯，99%
硫代乙酰胺（C_2H_5NS）	分析纯，≥ 98.0%
锂片	12 cm
铜箔	9 μm，99.99%
扣式正、负极电池壳	CR–2032
锂电电解液	1 mol/L $LiPF_6$

续　表

药品及材料名称	纯度或型号
弹片、垫片	304 不锈钢
玻璃纤维隔膜	GF/D
去离子水	—

2.1.2　实验仪器

实验中所使用的设备信息如表 2.2 所示。

表 2.2　实验中使用的设备信息

设备名称	型号或规格
分析天平	PTX–FA10S
超声波清洗机	KQ–300E
电热鼓风干燥箱	WGL–125B
真空烘箱	DZF–6020
纽扣电池封装机	MSK–160E
X 射线衍射仪	X'Pert PRO
自动涂膜机	MRX–TMH250
手套箱	SG1200/750TS
扫描电子显微镜	Sigma 300
透射电子显微镜	F200X G2

续 表

设备名称	型号或规格
比表面孔径分析仪	ASAP 2460
超纯水机	PGYJ-10-AS
电化学工作站	CHI660E
电池测试系统	BTS00506C8
微型高速振动球磨机	MSK-SFM-12M
X 射线光电子能谱仪	K-Alpha
拉曼光谱仪	HR800-Evolution

2.2 负极浆料的制备及电池组装

2.2.1 负极浆料的制备

制备过程如下：称取适量活性物质、导电炭黑和 PVDF，并按照 7 ∶ 2 ∶ 1 的质量比放入球磨罐，再加入适量 NMP 溶液，放入 6 颗研磨珠，在球磨机中反复球磨 5 次，每次 180 s，结束后取下球磨罐，准备涂膜；用无水乙醇将裁好的铜箔擦拭干净，利用自动涂膜机快速将浆料涂在铜箔表面，将铜箔放在 80 ℃的真空环境干燥 12 h；干燥处理完成后，利用冲片机将铜箔压成直径为 8 cm 的小圆极片，并称重。

2.2.2　电池组装

电池的组装需要在充满高纯氩气的手套箱内进行，使用的是 CR–2032 型扣式正、负极电池壳。组装过程如下：首先，将负极壳置于干净培养皿上，取手套箱内存放的锂片并将其置于负极壳最中央，用胶头滴管加入适量电解液，用镊子夹取隔膜放入其中；然后，在隔膜表面滴 3 滴电解液，将电极片物料面朝下置于中央，随后放入垫片；最后，将弹片和正极壳依次放在垫片上。组装结束的电池需要利用放置在手套箱内的封口机进行封口。电池从手套箱内取出后需静置 10 h，以为后续电池的循环和倍率等性能测试做准备。

2.3　材料特征分析方法

2.3.1　X 射线衍射分析

X 射线衍射分析是一种重要的材料特征分析技术，常用于确定晶体结构和晶体学信息。它利用 X 射线与晶体结构相互作用的原理，通过测量晶体中 X 射线的衍射图样来获取物相和晶体结构。X 射线照射到晶体上时，会被晶体内的原子吸收并重新发射，形成一种特定的衍射图样。本书中所有 XRD 分析均以铜靶为辐射源，工作电压为 40 kV，工作电流为 40 mA，扫描样品角度和扫描速率分别为 5°~60° 和 5°/min。

2.3.2 扫描电子显微镜图像分析

扫描电子显微镜是一种高分辨率的显微镜，主要用于观察样品表面的形貌和微观结构。SEM 是使用电子束进行成像的，电子枪通过热发射或场发射的方式产生电子束，电子束与样品表面相互作用时会产生多种信号，计算机可通过探测器捕捉到的信号生成图像。

2.3.3 透射电子显微镜图像分析

透射电子显微镜是一种以电子束为光源，电子与样品中的原子发生碰撞后产生能量变化的显微镜，主要用于观察样品表面的微观结构以及晶面信息。

2.3.4 X 射线光电子能谱分析

X 射线光电子能谱也被称为 X 射线光电子能谱学或化学分析电子能谱法（electron spectroscopy for chemical analysis, ESCA），是一种表面分析技术，用于研究材料的表面成分和电子状态。研究人员通过分析 XPS 的谱图可以确定样品表面的元素种类和相对含量，以及元素的氧化还原状态。

2.3.5 热重分析

热重分析是在程序控温条件下测量待测样品的质量和温度变化关系的一种热分析技术。通过研究 TGA 曲线，研究人员可分析材料的热稳定性和成分。

2.3.6　比表面积及孔径测试分析

比表面积及孔径测试是一种利用氮气等温吸附特性测定材料表面积和孔径大小的方法，它可利用固体材料的吸附特性并借助气体分子作为量具来测试物体的表面积、总孔容，进而为研究人员分析孔结构和绘制吸脱附曲线提供帮助。

2.3.7　拉曼光谱分析

拉曼光谱分析是以拉曼效应为基础建立起来的分子结构分析技术，其信号来源是分子的振动和转动。由于拉曼谱线的数目、频率位移的大小、谱线的强度直接与试样分子的振动或转动能级有关，因此拉曼散射光谱是一种分子光谱，用于研究晶体或分子结构。

2.4　电化学性能测试

2.4.1　循环伏安法

循环伏安法是一种通过在电极上施加正弦波形电位，然后测量相应的电流响应来探究电极反应动力学性能和电化学行为的电化学分析技术。在电池研究中，循环伏安法可用于评估电极材料的电化学性能，包括电极反应速率、离子扩散系数、反应的可逆性等。通过在不同电位范围内进行循环扫描，研究人员可以获取与电化学反应相关的动力学信息，为电池设计和优化提供重要参考。

2.4.2 电化学阻抗谱

电化学阻抗谱是一种通过在不同频率下测量电池系统对小幅交流电信号的响应来分析电池性能的技术。通过分析阻抗谱，研究人员可以获取关键的电化学信息，如电池的内部电阻、电解液的传导性能、电极和电解液界面的特性等。

2.4.3 恒电流充放电测试

本书所有的恒电流充放电测试均在电池测试系统中完成，针对不同组成的电池采取相应的测试条件。所有电池组装完成后立即测试，工步最初均设置 6 h 的搁置时间，其余各工步之间的搁置时间设置为 1 min。

第 3 章　MOFs 衍生 In_2S_3/C 材料的制备及其储锂性能研究

随着绿色电动汽车、智能电网和便携式可穿戴电子产品的蓬勃发展，世界各地的研究人员投入了大量精力来开发新一代高性能锂离子电池。常用的石墨负极的理论容量较低，很难满足高比能量电池的需求。近年来，基于转变和合金化反应的新型负极材料由于其高理论容量而受到越来越多人的关注。

金属硫化物因其高比容量和地球上丰富的原材料而被认为是很有前途的负极材料之一。与过渡金属氧化物相比，金属硫化物的金属与硫之间的化学键较弱，在 Li^+ 转化反应中更容易断裂，表现出较高的电子电导率和快速的反应动力。其中，In_2S_3 是一种优异的硫化物半导体材料，它因在光电催化、荧光和电磁屏蔽等领域的广泛应用潜力而备受关注。In_2S_3 在锂离子电池中表现出较高的理论容量（1 012 $mAh \cdot g^{-1}$），优异的电化学性能、高理论容量以及高电子电导率使 In_2S_3 成为碱金属离子电池中比较有前途的电极材料。然而，在充电和放电过程中，In_2S_3 的体积膨胀会导致容量快速下降，而较差的电子导电性往往会导致倍率性能降低。为了解决这些问题，提高锂离子电池的性能，In_2S_3 负极的合理结构设计亟待解决。因此，越来越多的研究人员尝试

合成纳米级 In_2S_3、In_2S_3/C 导电材料复合材料，并将其作为储能材料来研究电化学性能。然而，人们仍然需要开发简单、低成本的方法来制备性能优异的纳米结构 In_2S_3。

MOFs 独特的孔隙结构保证了电解质的快速渗透和离子扩散，同时具有大量的活性位点以提高电池的存储容量。然而，由于导电性差，因此 MOFs 材料很少直接用作电池电极材料。基于 MOFs 的衍生材料可以继承 MOFs 的结构、组成特征和孔隙率，并且具有更好的导电性。因此，利用特定组成和结构的 MOFs 材料构建 MOFs 衍生物用于锂离子电池负极材料已成为储能领域的热点。与传统的金属硫化物合成方法相比，MOFs 衍生的金属硫化物可以在很大程度上继承原有 MOFs 材料的特性，并且 MOFs 中的有机配体可以通过热解转化为碳骨架，从而提高导电性，因此 MOFs 衍生的金属硫化物用作电极时可以表现出优异的电化学性能。

本章设计了晶态与非晶态混合的 In_2S_3 来提高锂离子电池的电化学性能。实验以 MIL-68（In）为自牺牲模板，通过简单的溶剂热硫化制备了六方柱 In_2S_3/C 纳米管阳极，通过 SEM、TEM、XRD 对制备材料进行分析，之后将制备材料作为锂离子电池的负极材料，测试锂离子电池的电化学性能。此外，本章还探究了硫化温度与时间对电池负极材料性能的影响。

3.1　In_2S_3/C 负极材料的制备

3.1.1　MIL-68（In）前驱体的制备

实验通过油浴法合成 MIL-68 纳米管，具体过程如下：将 80 mL DMF 加入含有 240 mg $In(NO_3)_3 \cdot xH_2O$ 和 240 mg H_2BDC 的圆底烧瓶中，磁力搅拌 10 min；搅拌均匀后将圆底烧瓶放在 120 ℃的油浴锅中加热 30 min，加热过程中伴随磁力搅拌。反应完成后，溶液由无色变为淡黄色，之后通过抽滤收集白色沉淀，用去离子水和无水乙醇洗涤数次，并在 60 ℃的真空烘箱中烘干 8 h。

3.1.2　In_2S_3/C 的制备

In_2S_3/C 的制备过程如下：首先，分别将 120 mg MIL-68 粉末和硫代乙酰胺加入烧杯，用量筒量取 80 mL 无水乙醇转移到上述烧杯中并超声处理 30 min；然后，将溶液快速转移到 100 mL 特氟龙内衬的高压反应釜中，放入温度为 120 ℃的烘箱中处理；最后，等温度冷却下来，利用离心机将溶液与黄色沉淀分离，分别用去离子水和无水乙醇冲洗，产物在 60 ℃的真空烘箱中烘干 10 h。为了探究最佳硫化时间，实验选取的硫化时间分别为 6 h、8 h，产物分别记为 In_2S_3-6h 和 In_2S_3-8h，其中 In_2S_3-6h 也记为 In_2S_3/C。

整个 In_2S_3/C 负极材料的具体制备过程如图 3.1 所示。

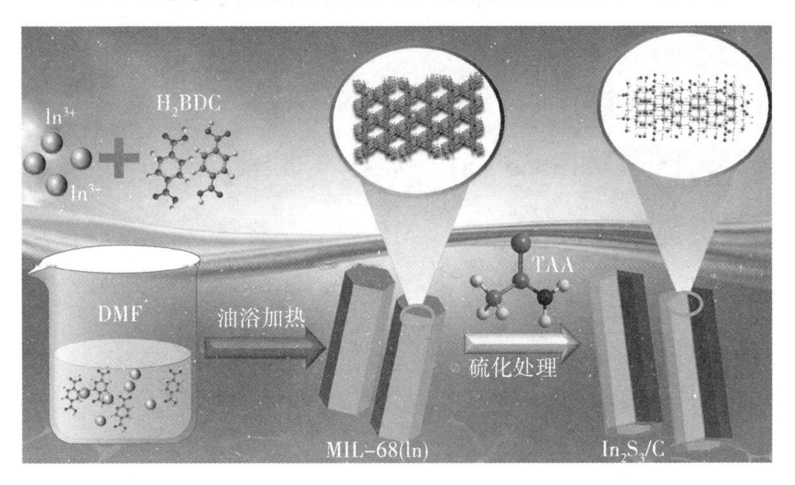

图 3.1 In_2S_3/C 负极材料的制备过程示意图

3.2 In_2S_3/C 负极材料的特征分析

3.2.1 材料的结构与成分分析

实验首先通过 XRD 分析样品的结构。图 3.2（a）是制备的 MIL-68（In）的 XRD 图像与通过理论计算模拟的 XRD 图像的对比图，由图 3.2（a）可知两者的衍射峰几乎一致。图 3.2（b）是制备得到的 In_2S_3/C（In_2S_3-6h）与商用 In_2S_3 样品

以及 In_2S_3（JCPDS: 73-1366）标准卡片的对比。In_2S_3/C 的 XRD 光谱图中有 4 个明显的衍射峰，分别位于 27.4°、33.2°、43.5°、47.6°，与标准卡片上的（213）、（220）、（309）、（400）晶面相吻合。与商用 In_2S_3 样品相比，In_2S_3/C 表现出更宽的衍射峰和更低的强度。对于 120 ℃水热硫化得到的 In_2S_3/C 的 XRD 光谱图，它在 25° 和 30° 之间有一个相当宽的峰，这意味着合成的材料具有非晶态性质。In_2S_3-8h 的衍射峰谱基本与 In_2S_3/C 一致，如图 3.2（c）所示。XRD 光谱图中没有明显的碳峰，说明材料中所含的碳为无定形碳状态。

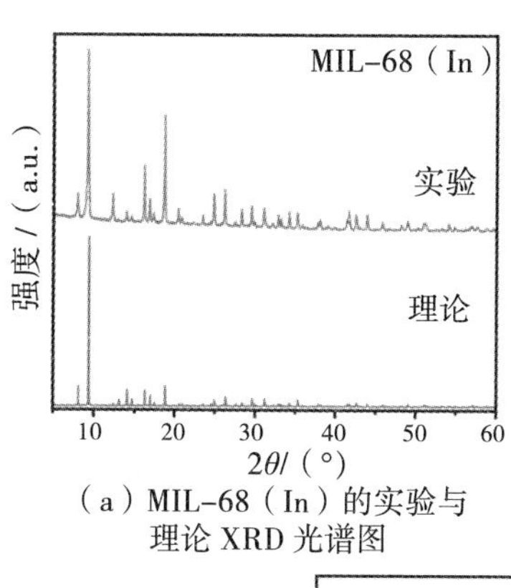

（a）MIL-68（In）的实验与理论 XRD 光谱图

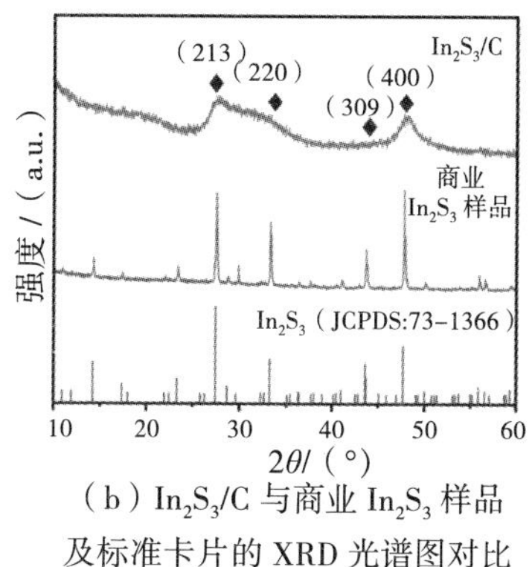

（b）In_2S_3/C 与商业 In_2S_3 样品及标准卡片的 XRD 光谱图对比

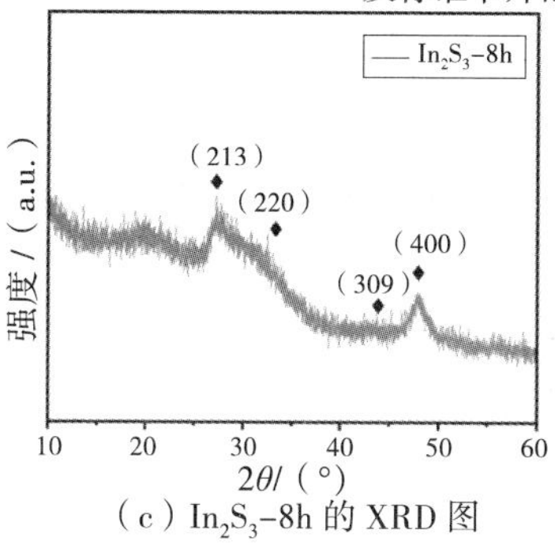

（c）In_2S_3-8h 的 XRD 图

图 3.2　材料的 XRD 图

为了确定 In_2S_3/C 材料中 In_2S_3 和碳的质量比，实验在空气中进行了 TGA 测试，温度测试范围为 30~800 ℃，测试结果如图 3.3 所示（图中 DTG 曲线为 TGA 曲线的一阶微分曲线）。由图可知，200 ℃之前，样品有轻微的质量损失，这是样品中残留溶剂和水蒸发的结果；此后，质量的变化归因于碳的燃烧和有机骨架在 300~700 ℃的裂解；700 ℃后样品质量保持不变，表明生成的 In_2O_3 是稳定的。值得注意的是，样品质量在 500 ℃时有一个放热峰，表明硫被氧化成 SO_2。经过计算，样品中的 In_2S_3 和碳的含量分别为 98% 和 2%。

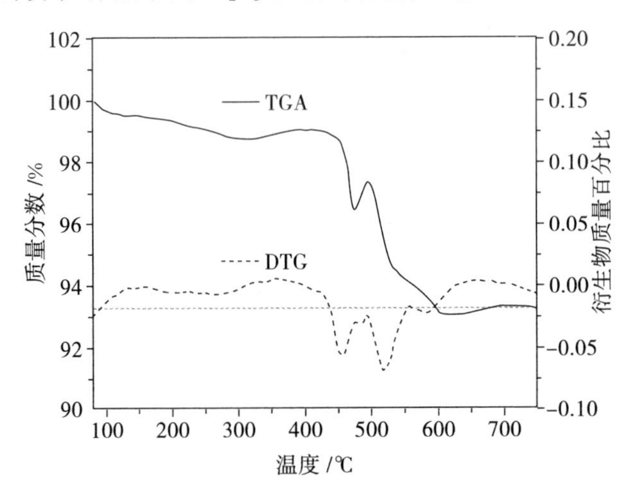

图 3.3 In_2S_3/C 的 TGA 和 DTG 曲线

为了研究孔隙率和表面积，实验记录了 In_2S_3/C 纳米管的 N_2 吸附与脱附等温线和孔径分布，结果如图 3.4 所示。从图 3.4（a）中可以看出，样品的吸附与脱附的曲线类型为Ⅳ型曲线，比表面积为 131.78 $m^2 \cdot g^{-1}$，孔体积为 0.23 $cm^3 \cdot g^{-1}$。

由图 3.4（b）可知，孔径分布集中在 7.10 nm，且为介孔结构（介孔尺寸：2 ～ 50 nm）。介孔是 MOFs 转化为 In_2S_3/C 时产生的碳膜。这种较大的比表面积和孔隙分布有利于增加电解质与活性物质之间的接触面积，从而加快电解质浸润材料和离子扩散的速度。

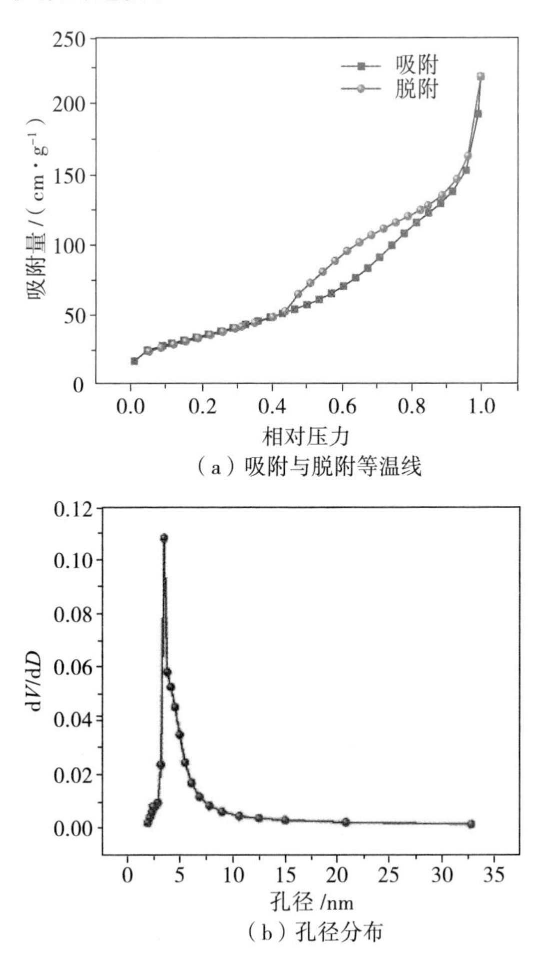

（a）吸附与脱附等温线

（b）孔径分布

图 3.4　吸附与脱附等温线和孔径分布

实验通过 XPS 分析 In_2S_3/C 材料的成分。图 3.5（a）是 In_2S_3/C 的 XPS 的全谱图像，证明材料中存在 In、S 和 C 三种元素。图 3.5（b）为 In 3d 的高分辨光谱图，从图中可看出，在 444.3 eV 和 451.8 eV 处有一对对称峰，分别对应 In $3d_{5/2}$ 和 In $3d_{3/2}$。由图 3.5（c）可以看出，硫元素对应光谱中有两个不同的结合能，其中 S $2p_{1/2}$ 为 162.3 eV，S $2p_{3/2}$ 为 161.1 eV，特征峰与 In_2S_3 状态的硫一致。此外，In $3d_{5/2}$ 和 In $3d_{3/2}$ 峰的结合能差（7.5 eV）与 S $2p_{1/2}$ 和 S $2p_{3/2}$ 峰的结合能差（1.2 eV）证实了最终产物中 In^{3+} 和 S^{2-} 的存在。

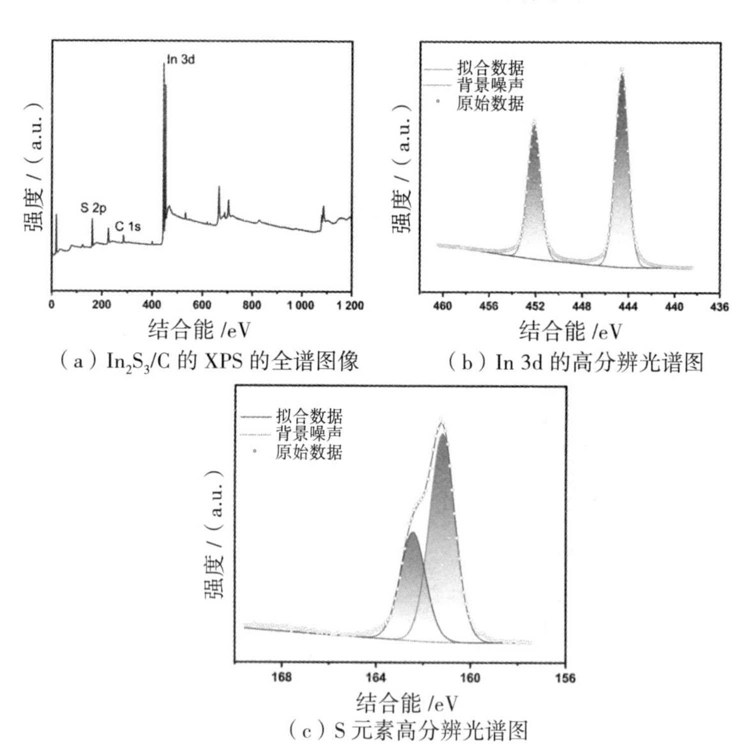

（a）In_2S_3/C 的 XPS 的全谱图像　（b）In 3d 的高分辨光谱图

（c）S 元素高分辨光谱图

图 3.5　In_2S_3/C 的 XPS 光谱图

3.2.2　材料的形貌分析

图 3.6 为前驱体和 In_2S_3/C 的扫描电子显微镜图。由图 3.6（a）可看到，前驱体 In-MOFs 是长度为 8 ～ 10 μm 的六棱柱，高倍 SEM 图像 [图 3.6（b）] 能够清晰地显示出棒表面光滑的六棱柱形貌。经过 6 h 的硫化反应后，In-MOFs 转化为具有纳米棒状形貌的 In_2S_3/C。硫化时间若延长至 8 h 则会导致表面粗糙，造成纳米棒状结构破裂，如图 3.6（d）所示。与 In_2S_3-8h 相比，In_2S_3-6h 具有最佳的形貌结构，证实了过多的反应时间可能会破坏产物的形貌。

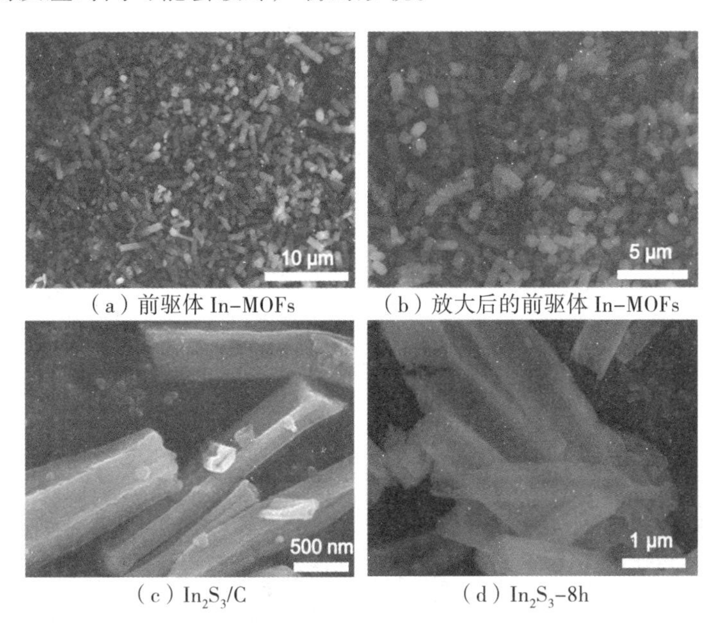

（a）前驱体 In-MOFs　（b）放大后的前驱体 In-MOFs
（c）In_2S_3/C　（d）In_2S_3-8h

图 3.6　材料的 SEM 图

In_2S_3/C 的详细形态可通过 TEM 和 HRTEM（高分辨率透射电子显微镜）进一步观察。图 3.7（a）的 TEM 图像清晰地显

示了 In_2S_3/C 产物的六棱柱形貌和厚度为 50 nm 的碳层。In_2S_3/C 的这种纳米管结构和碳涂层特征有利于增加电解质和电极材料之间的接触面积，提高电导率。图 3.7（b）证实了 In_2S_3/C 中存在孔隙，这些孔隙可以促进电解质的渗透，从而加快电荷转移速率。图 3.7（c）展示了 In_2S_3/C 清晰的晶格条纹，晶格条纹间距分别为 0.190 nm、0.265 nm、0.325 nm，对应 In_2S_3（400）、（220）、（213）晶面，与 XRD 的数据吻合。此外，从图中可以观察到，In_2S_3/C 是由非晶相和结晶相组成的，这一点可通过相应的快速傅里叶变换（FFT）图像中的亮点进一步验证。

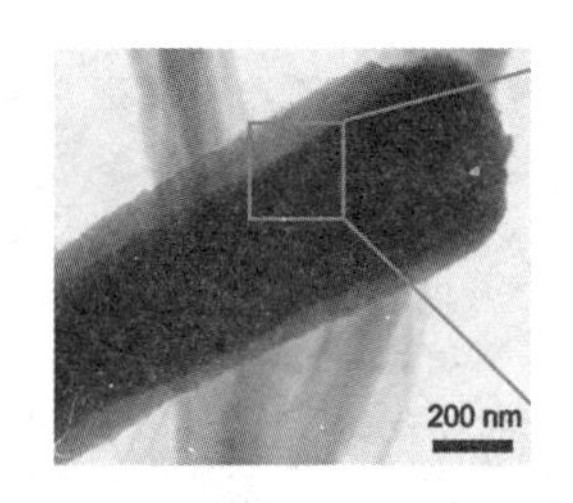

（a）In_2S_3/C 的 TEM 图

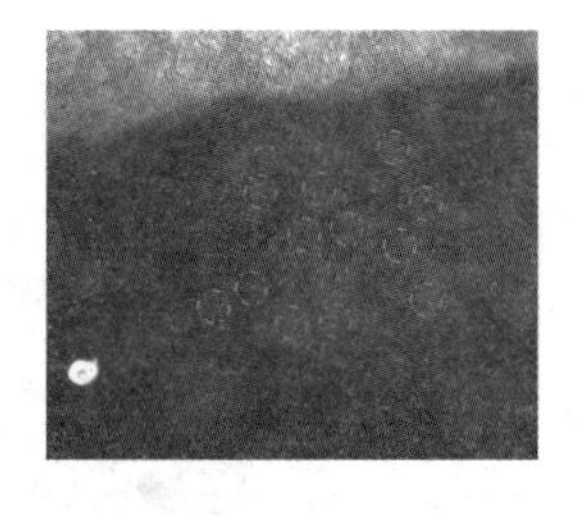

（b）图 3.7（a）的局部放大图

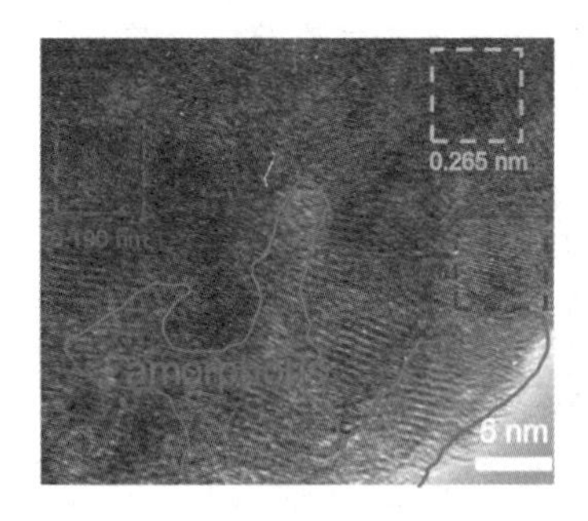

（c）In_2S_3/C 的 HRTEM 图

（d）图 3.7（c）所选区域对应的 FFT 图像

图 3.7　In_2S_3/C 的 TEM 及 HRTEM 图

图 3.8 为 In_2S_3/C 的选区电子衍射（SAED）图，衍射环可以很好地与 In_2S_3（400）、（220）、（213）晶面对应，从不同角度进一步验证了 HRTEM 信息；衍射环还进一步证明了 In_2S_3/C 中存在非晶相（晕环）和晶相（亮点）。图 3.9 为单个纳米管的能谱分析（EDS）图，可以看出 In 和 S 元素是均匀分布在整个结构上的。

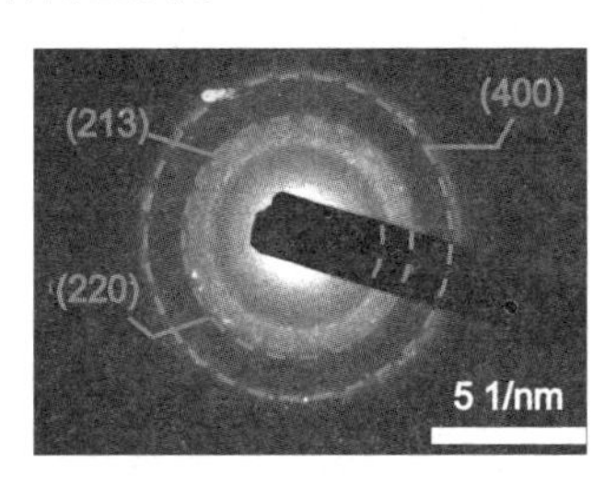

图 3.8　In_2S_3/C 的 SAED 图

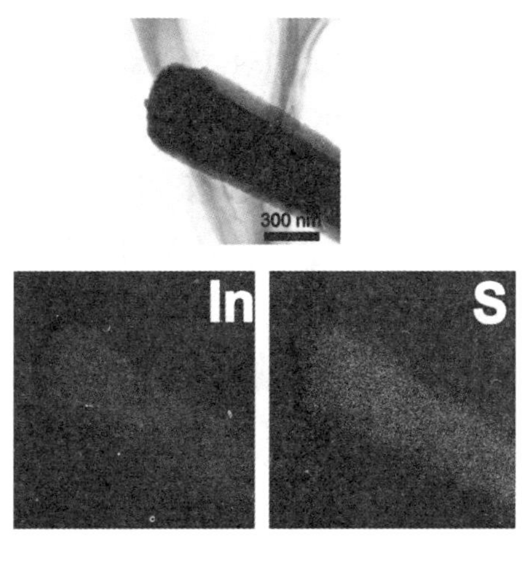

图 3.9　In_2S_3/C 纳米管的 EDS 图

3.3 In_2S_3/C 负极材料的电化学性能测试

为了研究 In_2S_3/C 在锂离子电池中的电化学性能，实验组装了纽扣形半电池进行测试。In_2S_3/C 纳米管结合了多孔结构和碳涂层的优点，有利于 Li^+ 的存储。本节分别使用循环伏安法和恒电流充放电循环法评估 In_2S_3/C 的电化学性能和锂离子储存能力。

图 3.10 为 In_2S_3/C 在扫描速率为 0.1 mV·s^{-1} 时的 CV 曲线。由图 3.10 可以看出，第 1 次循环的 CV 曲线与后续循环的不同，尤其是放电期间的曲线。在放电过程中，第 1 个周期有 4 个还原峰，分别位于 0.34 V、0.72 V、1.08 V 和 1.71 V 附近。1.71 V 处的峰代表 $LiInS_2$ 的形成；1.08 V 处的峰代表 $LiInS_2$ 转化为 In 和 Li_2S，以及固体电解质界面（solid electrolyte interface membrane, SEI）的形成；0.72 V 和 0.34 V 处的两个峰代表金属 In 经历了与锂的逐步合金化过程[式（3.1）～式（3.3）]，并嵌入其他位点。在充电过程中，Li_xIn 的脱锂过程在 0.66 V 处出现明显的阳极峰，生成金属 In；1.07 V 和 1.65 V 附近的两个宽峰代表 In 和 Li_2S 的生成；2.34 V 处的小峰代表 $LiInS_2$ 的生成。在第 2 次和第 3 次循环中，还原峰分别移至 1.13 V 和 1.08 V，峰的强度降低。经过

三个循环后，In_2S_3/C 电极表现出优异的电化学稳定性，并具有良好的重复性。转化反应过程中伴随着每个金属中心的多次电子转移，这使锂化过程中从 $LiInS_2$ 到 Li_2S 和 In 的转化在一定程度上是不可逆的。

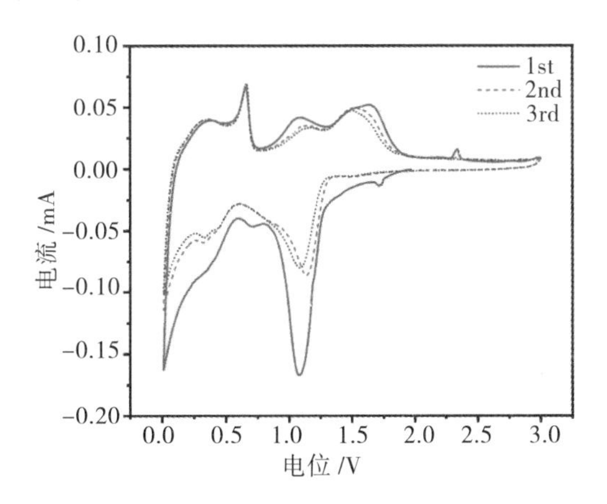

图 3.10　In_2S_3/C 在扫描速率为 0.1 mV · s^{-1} 时的 CV 曲线

$$2In_2S_3+3Li^++3e^- \longrightarrow 3LiInS_2+In \quad (3.1)$$

$$LiInS_2+3Li^++3e^- \longrightarrow 2Li_2S+In \quad (3.2)$$

$$In+xLi^++xe^- \longrightarrow Li_xIn \quad (3.3)$$

图 3.11 为 In_2S_3/C 在 50 mA · g^{-1} 下的恒电流充放电曲线。初始充电和放电容量分别为 1 595 mAh · g^{-1} 和 1 065 mAh · g^{-1}，对应的初始库仑效率为 66.8%。初始高容量和低库仑效率可归因于电极上 SEI 膜的不可逆形成和 In_2S_3 的还原。材料的库仑效率在第 5 次循环时增加到 98 %（在 500 mA · g^{-1}

的电流密度下，充放电比容量为 488/508 mAh·g^{-1}），表明 In_2S_3/C 和锂离子之间的反应具有良好的可逆性。

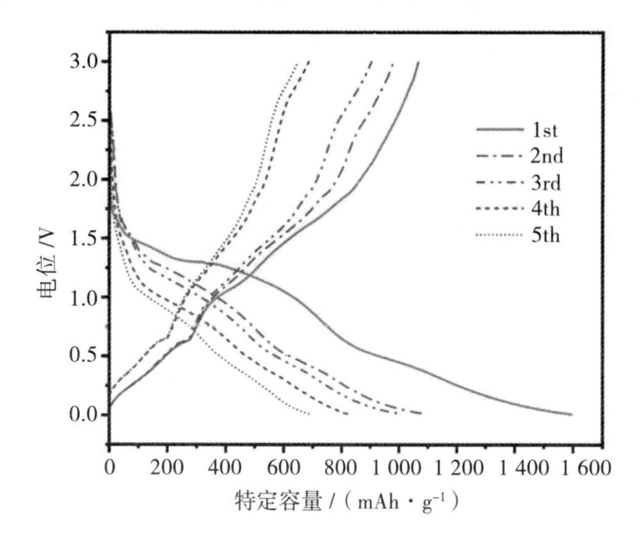

图 3.11　In_2S_3/C 在 50 mA·g^{-1} 下的恒电流充放电曲线

图 3.12 为不同材料在 500 mA·g^{-1} 下的循环性能测试结果，由图 3.12 可知，In_2S_3/C 阳极容量呈现出先下降后上升的趋势。造成容量衰减的原因主要有两个：一是锂离子会被碳中存在的孔隙捕获或产生不可逆沉积；二是在电极的活化过程中，不稳定的 SEI 膜的形成会消耗锂离子。随着持续循环，捕获的锂离子逐渐被释放。相比之下，包裹的碳阻止了 In_2S_3 在初始还原过程中获得的铟纳米颗粒团聚成块状。库仑效率曲线可以直接反映 SEI 膜的稳定性。In_2S_3/C 在记录的 500 次循环中能够保持稳定的放电容量，库仑效率高于 99%，表明锂离子在穿梭过程中具有良好的可逆性。容量的增加可

归因于活性材料的逐渐活化。此外，薄而稳定的有机聚合物凝胶的可逆生成也是使容量显著增加的原因。商用 In_2S_3 和 In_2S_3-8h 的容量分别为 211 mAh · g^{-1} 和 396 mAh · g^{-1} 的低容量；In_2S_3/C 负极表现出良好的循环性能，在 500 mA · g^{-1} 的电流密度下循环 400 次后仍能保持 835 mAh · g^{-1} 的高容量，且具有较高的循环稳定性。

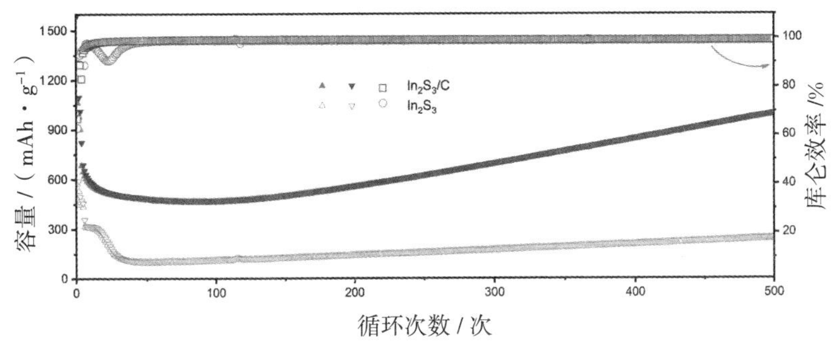

（a）In_2S_3/C 和商用 In_2S_3 在 500 mA · g^{-1} 下的循环性能测试

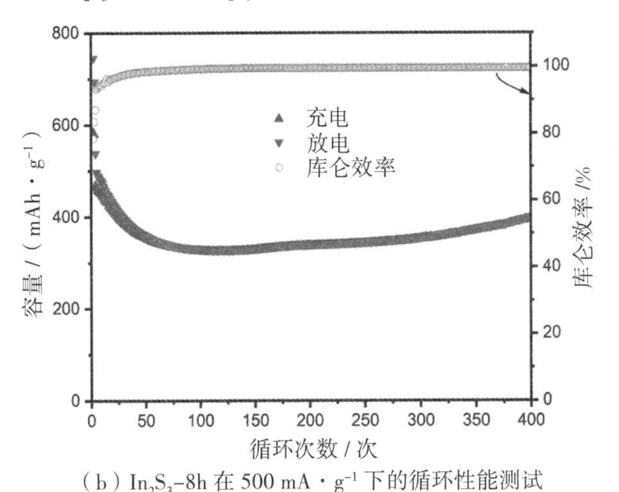

（b）In_2S_3-8h 在 500 mA · g^{-1} 下的循环性能测试

图 3.12　不同材料在 500 mA · g^{-1} 下的循环性能测试结果

实验对负极材料的倍率性能也进行了测试，测试结果如图 3.13 所示。由图 3.13 可以看到，In_2S_3/C 在 0.1 A·g^{-1}、0.2 A·g^{-1}、0.5 A·g^{-1}、1 A·g^{-1}、2 A·g^{-1}、3 A·g^{-1} 和 5 A·g^{-1} 的电流密度下表现出 600 mAh·g^{-1}、571 mAh·g^{-1}、479 mAh·g^{-1}、408 mAh·g^{-1}、330 mAh·g^{-1}、278 mAh·g^{-1} 和 205 mAh·g^{-1} 的高放电容量。当电流密度增加到 5 A·g^{-1} 时，In_2S_3/C 还表现出 205 mAh·g^{-1} 的可逆容量，高于商用 In_2S_3 和 In_2S_3–8h；当电流密度恢复至 0.2 A·g^{-1} 时，容量可恢复至 600 mAh·g^{-1}，并在后续循环中保持稳定。为了评估长循环性能，实验还进行了电流密度为 2 A·g^{-1} 的长循环性能测试，结果如图 3.14 所示。由图 3.14 可知，In_2S_3/C 还表现出卓越的循环稳定性，1 000 次循环后放电容量仍保持在 717 mAh·g^{-1}，容量保持率高达 162%。与商用 In_2S_3 相比，In_2S_3/C 表现出更加优异的电化学性能。容量在前 200 次循环中衰减，并在随后的循环中逐渐增加，这种现象归因于电极材料的活化过程。

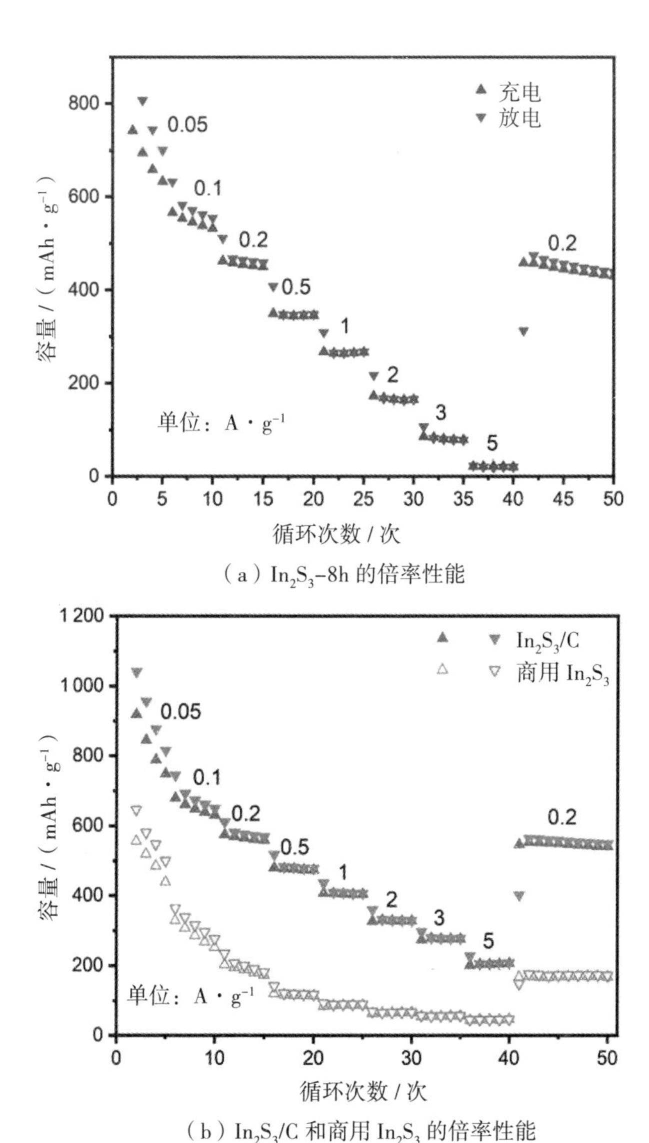

（a）In_2S_3–8h 的倍率性能

（b）In_2S_3/C 和商用 In_2S_3 的倍率性能

图 3.13　不同材料的倍率性能测试结果

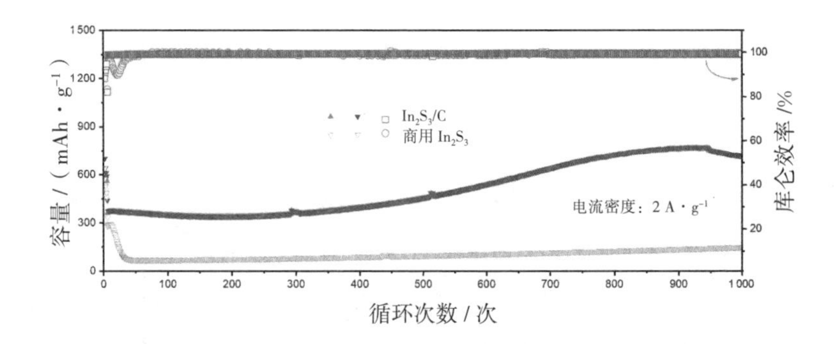

图 3.14　In_2S_3/C 和商用 In_2S_3 在 2 A · g^{-1} 下的长循环性能测试

实验所制备的非晶 / 晶态 In_2S_3/C 不仅可以减小 In_2S_3 的体积变化并提高 In_2S_3 的电导率，还能继承 MOFs 的多孔纳米结构，增加电解质与活性物质之间的接触面积。此外，非晶态 In_2S_3 可提供各向同性电解质离子扩散通道，从而实现快速电荷传输。晶体结构有利于保持结构稳定性，增强循环稳定性。

实验还通过电化学阻抗谱（EIS）研究了电极的电荷转移动力学信息。图 3.15 为 In_2S_3/C（In_2S_3–6h）、In_2S_3–8h 和商用 In_2S_3 的电化学交流阻抗谱图，图中弧线对应电荷转移的阻抗，直线对应 Li^+ 的扩散阻抗。In_2S_3/C 具有最小的弧线，表现出最快的电荷转移。结果表明，In_2S_3/C 的电导率和电荷转移动力得到增强，这可能与非晶 – 晶体边界暴露出的丰富的活性位点有关。In_2S_3/C 纳米管优异的电化学性能归因于多孔结构提供的离子和电子的快速传输通道以及碳层提供的体积变化的缓解。循环性能测试结果中显示的容量增加归因于电极活性材料的活化过程以及循环过程中电阻的降低。

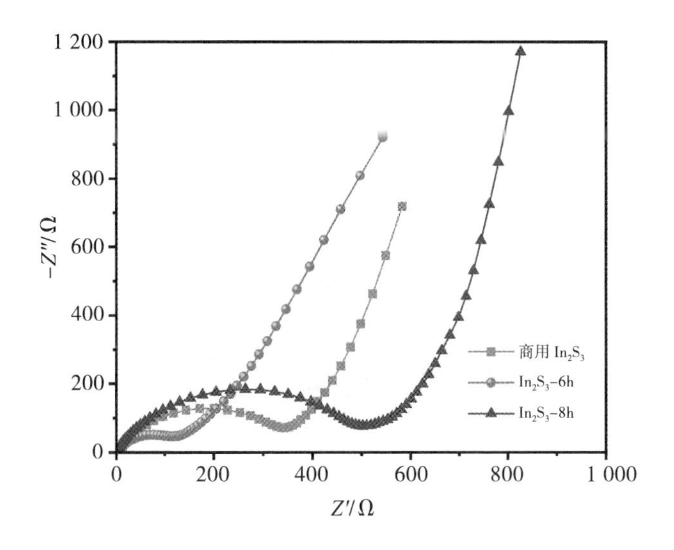

图 3.15　负极材料的电化学交流阻抗谱图

图 3.16 为 In_2S_3/C 在 2 A · g^{-1} 下不同循环次数的交流阻抗谱图，从图中可以看出，由于激活过程中出现了稳定的 SEI 膜，因此图中出现了两个弧线。循环过程中电极高频区出现弧线是循环过程中 SEI 膜的形成所致。由于电极表面 SEI 膜生长缓慢，第 2 个弧线在充电和放电循环过程中持续增大。中频部分的弧线对应电荷的转移电阻。此外，In_2S_3/C 的电阻在循环过程中表现出先变大、再变小、最后变大的趋势，这与 In_2S_3/C 在 2 A · g^{-1} 电流密度下充放电容量的变化一致。循环弧线的不断减小说明 In_2S_3 还原成金属 In。由于锂的嵌入和脱出反应速率受 Li^+ 扩散和电子电导率控制，因此金属 In 的形成会使电子电导率增加。更重要的是，活性材

料和电解质之间的充分接触会增加电极活性，降低半径阻抗。半径的减小表明电极可能会经历缓慢的激活过程。

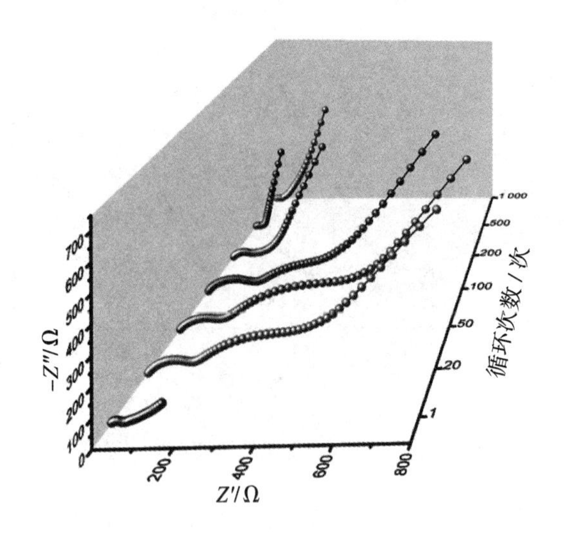

图 3.16　In_2S_3/C 在 2 A · g^{-1} 下不同循环次数的交流阻抗谱图

为了进一步揭示 In_2S_3/C 作为阳极的反应机理，实验在不同的放电和充电阶段进行了非原位 XPS。In 的价态如图 3.17 所示，表明材料经过了可逆的锂化和脱锂过程。在放电过程中，In^{3+} 的状态向较低能量的方向移动，与 Li_xIn 的形成能一致；而在充电过程中，In^{3+} 的状态却沿相反的方向移动，表明材料脱锂形成 In_2S_3。

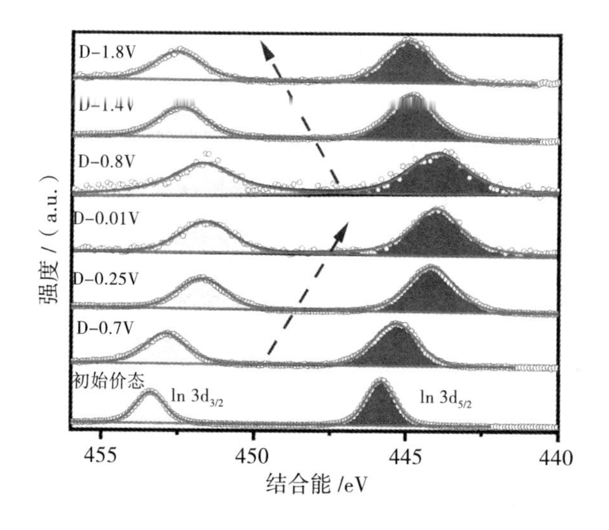

图 3.17　In 的价态

为了探究 In_2S_3/C 的储锂电化学动力学信息，实验测试了不同扫描速率下的 CV 曲线，以研究赝电容的贡献，结果如图 3.18 所示。由图 3.18 可知，随着扫描速率的变化，峰面积略有变化，CV 曲线却保持一致的形状，表明阳极具有良好的循环可逆性，显示出两对氧化还原峰。其中，阴极峰代表 Li^+ 嵌入 In_2S_3 中，阳极峰代表 Li^+ 从 In_2S_3 中脱出。氧化还原峰表明，电极上的锂化和脱锂反应在不同的扫描速率下是相同的。通过评估不同扫描速率下测量的 CV 曲线中的扫描速率（v）和记录电流（i）之间的关系，研究人员可以定性地计算电极表面的电容对总存储容量的贡献，该关系可以概括为

$$i = av^b \tag{3.4}$$

式中：a 和 b 为经验参数。当电荷存储为扩散主导时，b 值接近 0.5；b 值大于 1 表示电荷存储为赝电容主导；b 值在 0.5 和 1 之间表示电荷存储为扩散和赝电容共同主导。图 3.19 为阳极和阴极状态下的对数峰值电流和扫描速率，由图 3.19 可知，In_2S_3/C 的阳极和阴极峰的 b 值为 0.93，表明材料具有较快的反应动力。结果表明，In_2S_3/C 的充电和放电存储主要由扩散过程和赝电容过程决定。赝电容的贡献可通过下式计算：

$$i = k_1 v + k_2 v^{\frac{1}{2}} \tag{3.5}$$

式中：$k_1 v$和$k_2 v^{\frac{1}{2}}$分别为赝电容和扩散的贡献。

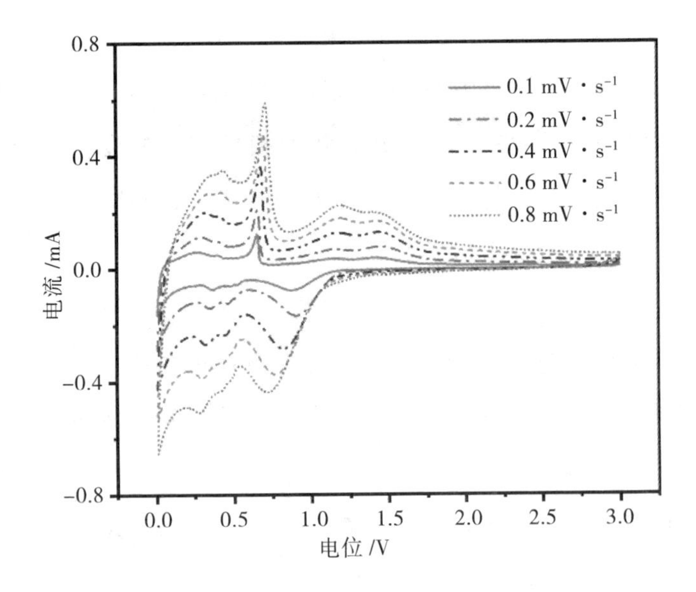

图 3.18　In_2S_3/C 在不同扫描速率下的 CV 曲线

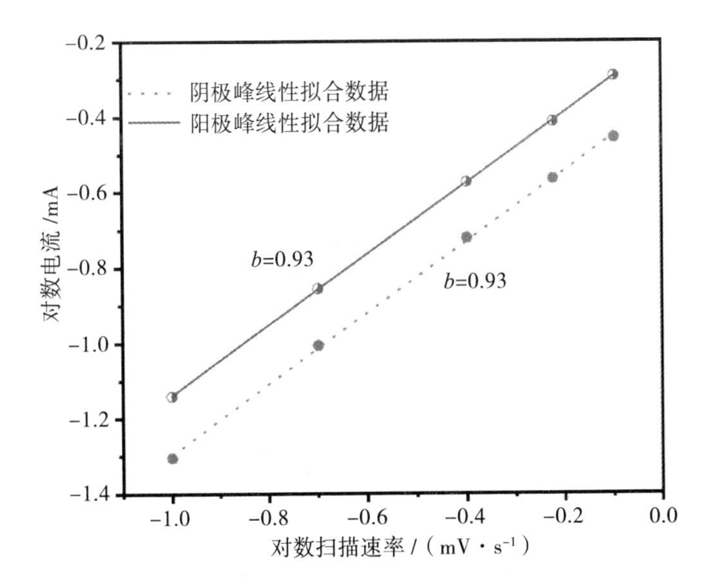

图 3.19　阳极和阴极状态下的对数峰值电流和扫描速率

图 3.20 为扫描速率为 0.8 mV · s^{-1} 时赝电容的贡献，由图 3.20 可知，在 0.8 mV · s^{-1} 的扫描速率下，赝电容贡献率为 88.9%。不同扫描速率下赝电容的贡献比例如图 3.21 所示，由图 3.21 可知，在 0.1 mV · s^{-1}、0.2 mV · s^{-1}、0.4 mV · s^{-1}、0.6 mV · s^{-1}、0.8 mV · s^{-1} 下的电容贡献率分别为 71%、70%、77%、84%、89%，证明 In_2S_3/C 具有优异的倍率性能。

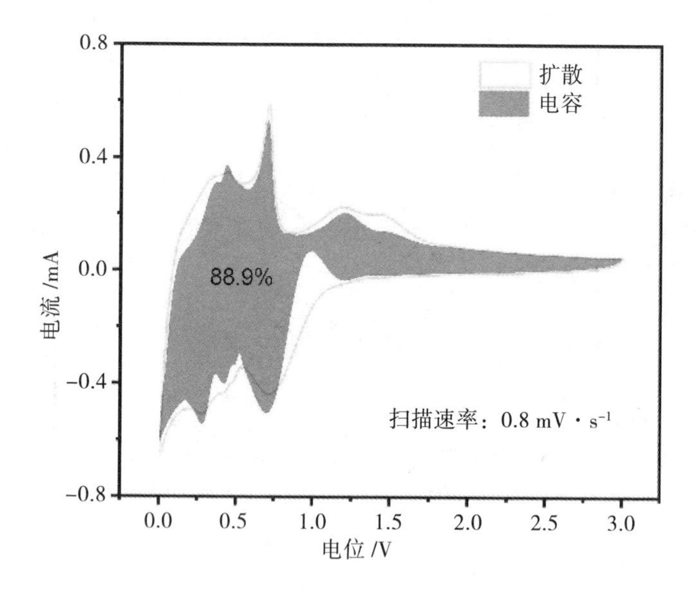

图 3.20　扫描速率 0.8 mV s^{-1} 时赝电容的贡献

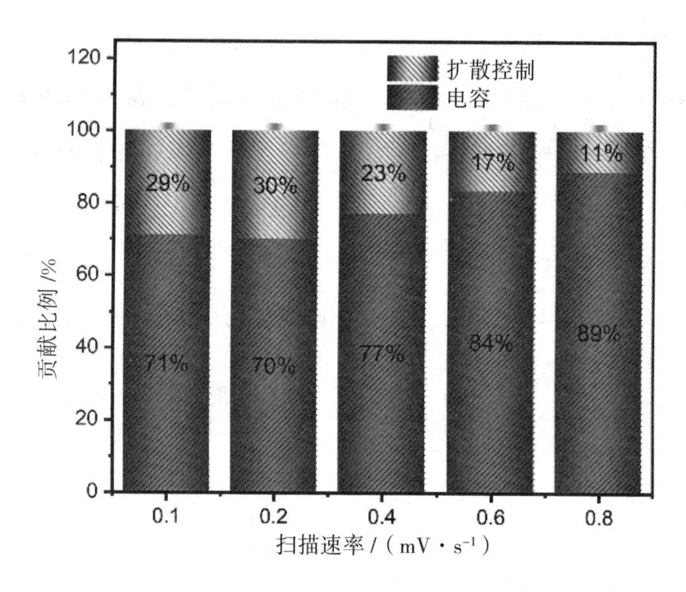

图 3.21　In_2S_3/C 不同扫描速率下的赝电容所占百分比

实验通过离散傅里叶变换进一步阐明了 Li^+ 在晶体 In_2S_3 表面的吸附以及 Li^+ 的扩散路径。为了模拟 Li 在 In_2S_3（213）表面上的吸附，实验沿 c 方向使用 15 Å 真空空间来消除不同板之间的相互作用。结晶 In_2S_3 顶部可能的 Li^+ 吸附位点如图 3.22 所示，由图 3.22 可知，In_2S_3 具有更强的吸附 Li^+ 的能力。结果表明，In 位点的负值最大（−4.84 eV），表明 In 最有利于 Li^+ 的吸附。实验通过结构优化，确定了 Li^+ 在 In_2S_3 表面的不同稳定吸附位点，然后采用微推弹性带（NEB）方法计算扩散路径和相应的扩散势垒。如图 3.23 所示，扩散路径是从一个 In 位点到另一个 In 位点，扩散势垒为 1.52 eV，表明较低的扩散势垒使 Li^+ 能够在 In_2S_3 中快速扩散。In_2S_3/C 独特的结构可以结合晶态 In_2S_3 相和非晶态 In_2S_3 相的协同优势。具有多个离子通道的非晶态 In_2S_3 可以促进离子扩散和氧化还原反应，而具有内部通道的晶态 In_2S_3 有利于提高 In_2S_3/C 的电导率并加速电荷转移。此外，晶体 In_2S_3 的机械稳定性还能优化非晶 / 晶体的充电和放电稳定性。

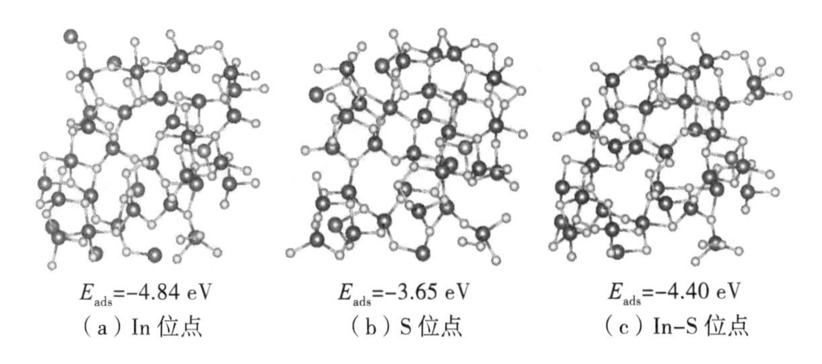

E_{ads}=−4.84 eV　（a）In 位点

E_{ads}=−3.65 eV　（b）S 位点

E_{ads}=−4.40 eV　（c）In−S 位点

图 3.22　结晶 In_2S_3 顶部可能的 Li^+ 吸附位点

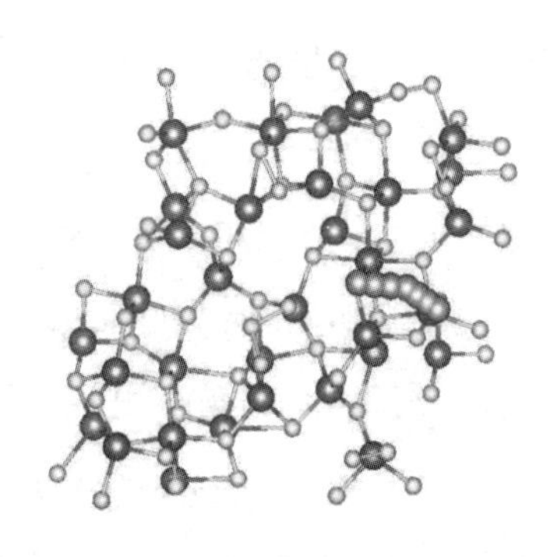

图 3.23　Li^+ 在结晶 In_2S_3 中的扩散路径

基于上述讨论可知，非晶 / 晶态 In_2S_3/C 兼具长循环寿命和超高容量，这一特性可归因于以下机制：第一，In_2S_3/C 具有丰富且均匀的纳米孔，可以有效容纳 Li^+ 还原 / 氧化反应过程中体积变化引起的应变和应力变化，增强循环稳定性，提高负极材料的倍率性能；第二，非晶相相对疏松的结构可以加速离子扩散，增加电解质与电极之间的接触面积，从而表现出较高的电化学活性；第三，非晶 / 晶态 In_2S_3/C 异质界面处存在丰富的活性位点，可产生更丰富的氧化还原反应，同时非晶相可以加速离子传输，而晶相可提高电子电导率。

3.4　本章小结

In_2S_3 因其理论可逆容量高、成本低廉、易于合成、安全性高等特点而成为本章的研究对象。在 In_2S_3 作为负极的还原反应中，In 合金化到 Li_xIn 的过程中发生了巨大的体积膨胀和 In 团簇聚集，导致容量快速衰减。这些因素严重限制了 In_2S_3 在锂离子电池中的实际应用。为了解决上述问题，本章以 In–MOFs 为前驱体，利用简单的油浴法制备得到 In_2S_3/C 材料，对其化学成分与微观结构进行了分析，并测试了锂离子半电池的电化学性能。所制备的非晶 / 晶态 In_2S_3/C 不仅可以减小 In_2S_3 的体积变化并提高 In_2S_3 的电导率，还继承了 MOFs 的多孔纳米结构，增加了电解质与活性物质之间的接触面积。此外，非晶态 In_2S_3 可提供各向同性电解质离子扩散通道，从而实现快速电荷传输；晶体结构有利于保持结构稳定性，增强循环稳定性。结果表明，In_2S_3/C 纳米管作为负极在 0.5 $A\cdot g^{-1}$ 电流密度下循环 400 次后表现出 693 $mAh\cdot g^{-1}$ 的优异储锂性能。

第 4 章　双金属硫化物 /MXene 复合材料的制备及储锂性能研究

MOFs因其高比表面积、可调节的孔结构和氧化还原金属中心而成为锂离子的一种有前途的电极材料，引起了研究人员的广泛关注。然而，MOFs固有的低电导率是实现高性能的障碍之一。通过选择合适的金属离子和有机连接体，研究人员可以设计和合成具有所需结构的靶向MOFs。Wang等（2022）通过改变Co/Ni摩尔比设计了一系列同构Co–Ni–MOFs，Co和Ni的协同效应提高了它们的储锂性能。总体而言，研究人员通过对SBU进行非常小的修改，能够使其作为节点和边缘精确地融入不同活动站点的拓扑中。此外，通过系统地利用SBU的灵活性，研究人员可以提高MOFs的结构稳定性，从而产生具有理想性能的各种双金属MOFs。近年来，由于需要生产具有高选择性和良好协同功能的材料，人们对双金属MOFs结构的设计和合成的广泛研究呈指数级增长。与单一金属MOFs相比，双金属MOFs（BMOFs）及其复合材料具有许多优点，如改进的电导率、扩展的活性位点、高充电容量和可调节的电化学活性。在双金属MOFs中，研究人员可以通过在SBU中混合两种不同的金属来调节电化学性能，因此具有增强导电性的双金属MOFs已被用作电池和超级电容器等储能设备的电极材料。

为了提高 MOFs 及其衍生物电极的电子电导率和 Li^+ 的存储性能，人们已经探索并采用了多种策略：一是将 MOFs 与其他导电材料杂化，如导电碳和还原氧化石墨烯（rGO）；二是制备双金属 MOFs 结构以提高金属位点的价态并增加电化学活性位点；三是构建低维纳米结构 MOFs，为 Li^+ 的插入提供更多暴露的活性位点。MXene 是一类新型二维（2D）过渡金属碳化物、氮化物或碳氮化物的总称，可通过选择性蚀刻相应 3D MAX 相中的“A”原子来获得。MXene 的常见分子式为 $M_{n+1}X_nT_x$，其中 M 代表金属，X 为 C 或 N，T 代表末端官能团。由于具有高电子电导率、快速的 Li^+ 扩散速率和良好的机械性能，MXene 被认为是有前途的锂离子电池和超级电容器的电极材料。此外，–OH 等端基有利于 MXene 片上 MOFs 结构的合成和稳定 MXene/MOFs 界面的设计。例如，Li^+ 可以嵌入并存储在 $Ti_3C_2T_x$ MXene 片之间，理论容量为 447 mAh · g^{-1}。2D MXene 具有丰富的化学成分组成、优异的金属导电性、大的比表面积和可调的层间距离等优点，在储能、光电催化、电磁波屏蔽等方面具有广泛的应用范围。另外，MXene 表面吸附的官能团带有电负性，可以有效地锚定其他活性材料进行复合，提高了 MXene 复合材料整体的导电性，表现出优异的性能。尽管 MXene 有着许多优异的特性，但自堆叠问题却不可避免地降低了 MXene 的电化学性能。然而，有研究发现，将 MXene 与 MOFs 进行组合不仅可以避免 MXene 的自堆积，还可以增强复合材料的稳定性和导电性，有利于实现在电化学方向的实际应用。MXene 和 MOFs 既可以通过原位合成、简单混合等方法形成 MXene@MOFs 复合材料，也可以通过 MOF 或 MXene 作为自牺牲模板，形成 MXene@MOFs 衍生物。

本章设计了 Zn_xIn_yS/MXene 来提高锂离子电池的电化学性能。实验以 Zn-MIL-68（In）为前驱体，通过简单的水热硫化得到复合材料，之后利用 SEM、TEM、XRD 等对材料进行特征分析，最后以制得的复合材料作为锂离子电池的负极材料，测试材料的电化学性能。

4.1　Zn_xIn_yS/MXene 负极材料的制备

4.1.1　Zn-MIL-68（In）前驱体的制备

实验通过溶剂热法合成 Zn-MIL-68（In），具体过程如下：将 90 mL DMF 加入含有 240 mg In（NO_3）$_3$ · $x$$H_2O$、120 mg Zn（$NO_3$）$_3$ · 6H_2O 和 360 mg H_2BDC 的烧杯中，超声处理 10 min；混合均匀后将烧杯内溶液转移到 100 mL 特氟龙内衬的高压反应釜中，放入温度为 140 ℃的烘箱中处理；最后等温度冷却下来，通过抽滤收集白色沉淀，用去离子水和无水乙醇洗涤数次，并在 60 ℃的真空烘箱中烘干 8 h。

4.1.2 Zn_xIn_yS/MXene 的制备

Zn_xIn_yS/MXene 的制备过程如下：首先称取 10 mg 单层 MXene，将其倒入 20 mL 去离子水中，将 120 mg Zn–MIL–68（In）粉末、40 mg 硫脲和 100 mg 一水葡萄糖溶解在 MXene 悬浮液中，超声处理 30 min；然后将溶液快速转移到 50 mL 特氟龙内衬的高压反应釜中，放入温度为 160 ℃的烘箱中处理 24 h；最后等温度冷却下来，利用离心机将溶液与沉淀分离，分别用去离子水和无水乙醇冲洗，产物在 60 ℃的真空烘箱中烘干 10 h。

Zn_xIn_yS 与上述制备过程相同，但不加入单层 MXene。

4.2 Zn_xIn_yS/MXene 负极材料的特征分析

4.2.1 材料的结构与成分分析

实验首先通过 XRD 分析样品的结构。图 4.1 为制备的双金属 Zn–MIL–68（In）MOF 的 XRD 图像，对比第 3 章实验中制备的 MIL–68（In）的衍射峰，双金属 MOFs 只在小角度峰发生了变化。图 4.2 为 Zn_xIn_yS、单层 MXene 和 Zn_xIn_yS/MXene 的 XRD 图，复合材料的衍射峰存在 In_2S_3（JCPDS: 73–1366）的 4 个衍射峰，与第 3 章相同，但未检测到 ZnS 的标准峰，原因可能是 Zn^{2+} 偏低或 Zn^{2+} 部分固溶于 In_2S_3 中。

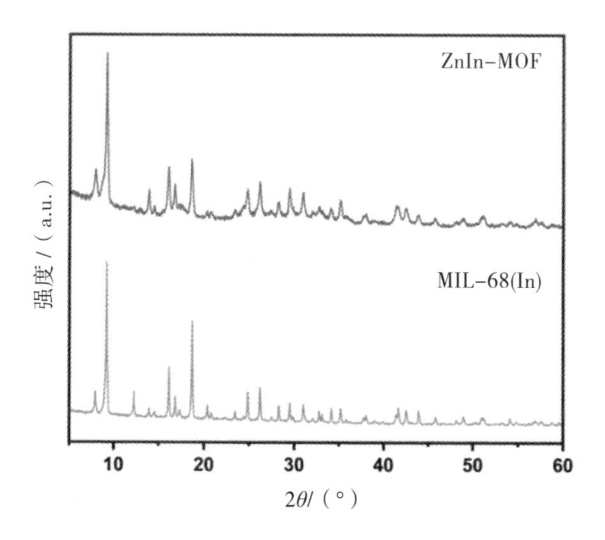

图 4.1　双金属 Zn−MIL−68（In）MOF 的 XRD 图

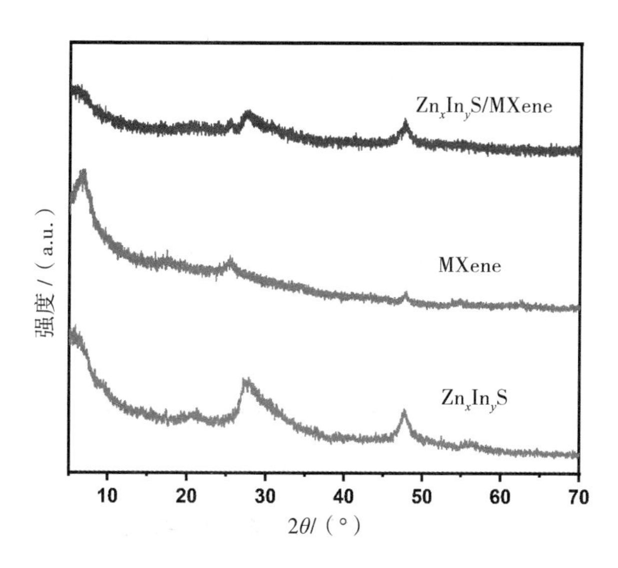

图 4.2　Zn_xIn_yS、单层 MXene 和 $Zn_xIn_yS/MXene$ 的 XRD 图

图 4.3 是 Zn_xIn_yS/MXene 的 XPS 的全谱图像，证明材料中存在 In、Zn、S 和 C 元素。各元素的高分辨光谱图如图 4.4 所示。图 4.4（a）为 C 1s 的高分辨光谱图，复合材料在 284.8 eV、285.3 eV 和 288.5 eV 处的特征峰分别对应 C=C、C–C 和 C=O；图 4.4（b）中 452.6 eV 和 445.0 eV 分别对应 In 元素的 In $3d_{3/2}$ 和 In $3d_{5/2}$；图 4.4（c）中硫元素对应光谱有两个不同的结合能，其中 S $2p_{1/2}$ 为 162.8 eV，S $2p_{3/2}$ 为 162.6 eV；图 4.4（d）中存在 Zn 2p 的两个峰，其中 1 022.2 eV 和 1 045.3 eV 分别代表 Zn $2p_{3/2}$ 和 $2p_{1/2}$，这说明 Zn_xIn_yS/MXene 有 Zn^{2+} 存在，即所得产物为 Zn_xIn_yS/MXene 和部分 Zn^{2+} 固溶。

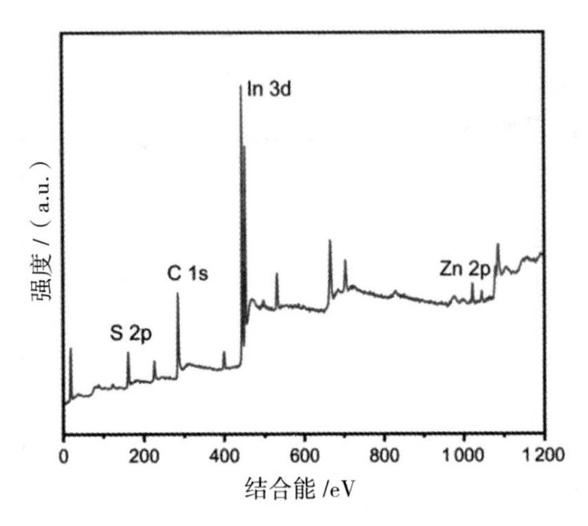

图 4.3　Zn_xIn_yS/MXene 的 XPS 全谱图

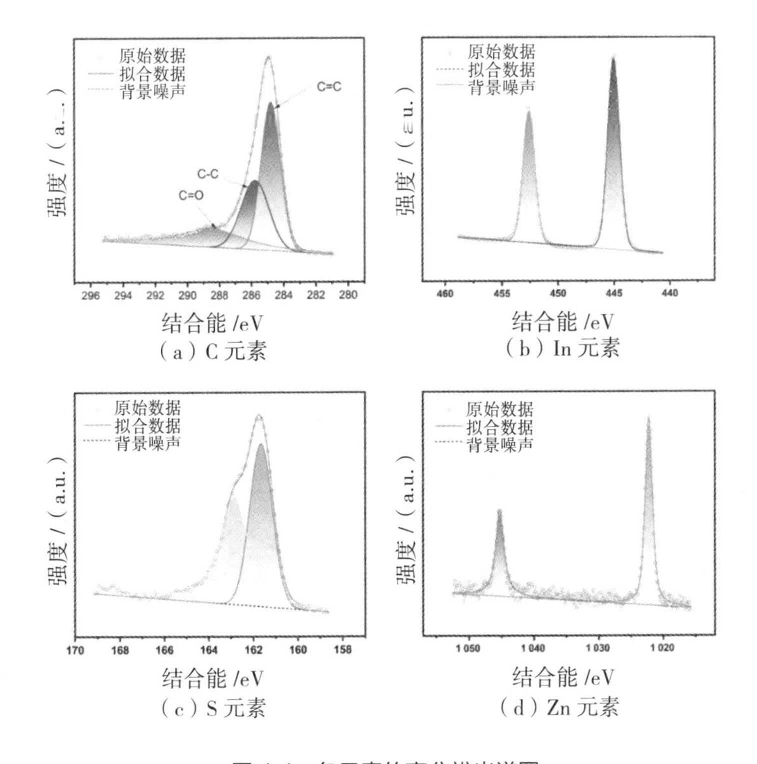

图 4.4　各元素的高分辨光谱图

图 4.5 是 Zn_xIn_yS/MXene 的拉曼光谱图像，1 351 cm^{-1} 和 1 548 cm^{-1} 处分别为石墨碳的 D 峰和 G 峰，且 D 峰弱，G 峰强，表明材料中含有无定形碳和石墨碳。

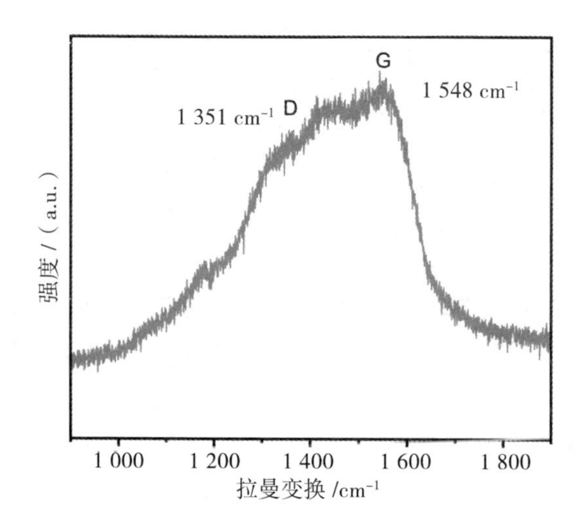

图 4.5 Zn_xIn_yS/MXene 的拉曼光谱

4.2.2 材料的形貌分析

图 4.6 为材料的 SEM 图像。由图 4.6（a）和图 4.6（b）可知，前驱体仍旧保持六棱柱棒状结构，而纳米棒的尺寸由 8 ～ 10 μm 增加到 12 ～ 14 μm，原因可能是 Zn^{2+} 的存在使棒状结构沿轴向生长。由图 4.6（c）和图 4.6（d）可知，材料经过硫化后可得到双金属硫化物棒状结构，棒状表面会变粗糙。由图 4.6（e）和图 4.6（f）可知，Zn_xIn_yS/MXene 负极材料是由 Zn_xIn_yS 和 MXene 堆积在一起形成的。复合材料的详细形态可通过 TEM 和 HRTEM 进一步观察。图 4.7 的 TEM 图像清晰地显示了 Zn_xIn_yS/MXene 产物的纳米管状结构和碳层，形成的纳米管状结构的尺寸为 500 ～ 600 nm。

Zn_xIn_yS/MXene 的这种纳米管状结构和碳涂层特征有利于增加电解质和电极材料之间的接触面积，提高电导率。

（a）双金属 Zn-MIL-68（In）MOFs　（b）双金属 Zn-MIL-68（In）MOFa（放大后）

（c）Zn_xIn_yS　（d）单层 MXene 纳米片

（e）Zn_xIn_yS/MXene 复合材料　（f）Zn_xIn_yS/MXene 复合材料（缩小后）

图 4.6　材料的 SEM 图像

图 4.7　Zn_xIn_yS/MXene 复合材料的 TEM 图

图 4.8 为 Zn_xIn_yS/MXene 复合材料的 EDS 映射图，由图 4.8 可知，纳米管状结构含有 In、Zn、C、S、N 元素，与 XPS 结果一致。形成的双金属硫化物中，金属元素均匀分布在纳米管上。

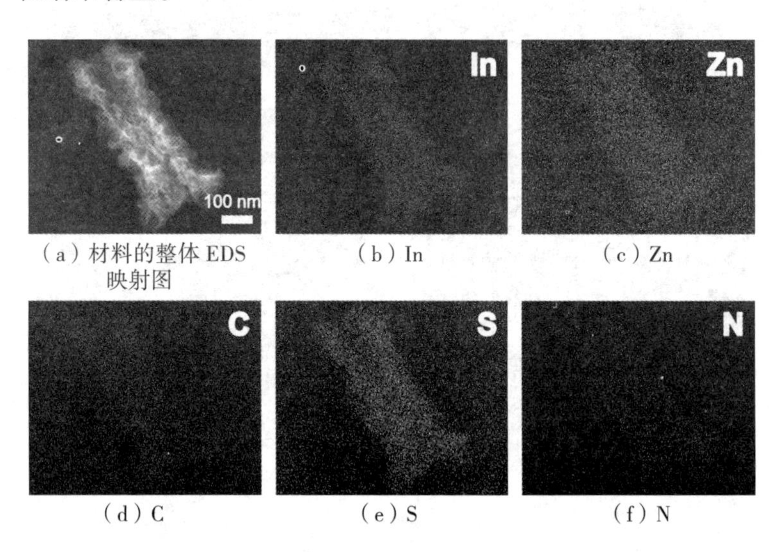

（a）材料的整体 EDS 映射图　（b）In　（c）Zn

（d）C　（e）S　（f）N

图 4.8　Zn_xIn_yS/MXene 复合材料的 EDS 映射图

4.3　Zn_xIn_yS/MXene 负极材料的电化学性能测试

为了研究 Zn_xIn_yS/MXene 在锂离子电池中的电化学行为，实验组装了纽扣形半电池进行测试。Zn_xIn_yS 纳米管增加了更多的金属活性位点，并结合了多孔结构和碳涂层的优点，有利于 Li^+ 的存储。图 4.9 为 Zn_xIn_yS/MXene 在扫描速率为 0.1 mV · s^{-1} 的 CV 图。由图可知，第 1 个循环的 CV 曲线与后续循环不同，尤其是放电期间的曲线。在放电过程中，第 1 个周期的 2 个还原峰出现在 1.25 V 和 0.62 V 处，并在第 2 次循环中几乎消失，这种现象是由 SEI 的形成和电解质的击穿造成的。在第 1 次阴极扫描中，0.9 V 附近有明显的峰，表明发生了还原反应（In^{3+} 还原为 In、Zn^{2+} 还原为 Zn）以及伴随 SEI 膜生成的不可逆反应。在阳极扫描中，1.68 V 的峰对应 In 和 Zn 的氧化反应。在后续的扫描中，还原峰后移至 1.24 V 左右，且 CV 曲线几乎完全重合，说明材料具有良好的可逆性。此外，在 0.25~0.5 V 处的峰对应 In 的合金化过程，与第 3 章中的 In_2S_3/C 锂合金化吻合。

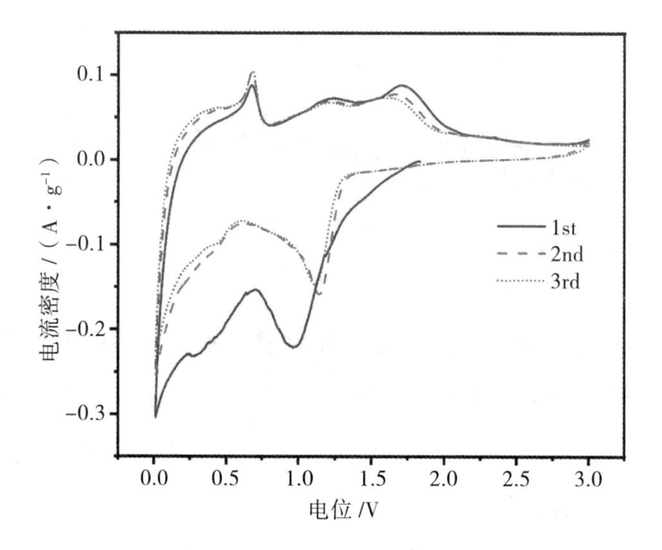

图 4.9　Zn_xIn_yS/MXene 在扫描速率为 0.1 mV · s^{-1} 的 CV 曲线

图 4.10 为 Zn_xIn_yS/MXene 电极在 50 mA · g^{-1} 下的恒电流充放电曲线。初始充电和放电容量分别为 1 418.53 mAh · g^{-1} 和 967.38 mAh · g^{-1}，对应的初始库仑效率为 68.2%。初始高容量和低库仑效率可归因于电极上 SEI 膜的不可逆形成和电解质的分解。材料的库仑效率在第 5 次循环时增加到 97 %（在 500 mA · g^{-1} 的电流密度下，充电和放电的比容量为 956/988 mAh · g^{-1}），表明 Zn_xIn_yS/MXene 和锂离子之间的反应具有良好的可逆性。为了测试 Zn_xIn_yS/MXene 材料的储锂性能，实验在 500 mA · g^{-1} 的电流密度下进行了 450 次循环性能测试，测试结果如图 4.11 所示。由图 4.11 可以看出，Zn_xIn_yS/MXene 和 Zn_xIn_yS 的初始放电容量接近，但是

Zn_xIn_yS 的初始库仑效率只有 38.3%，原因可能是 Zn_xIn_yS 在初次放电过程中的副反应过多。在后续的循环中，Zn_xIn_yS/MXene 的容量持续提升，300 次循环后放电容量稳定在 1 300 mAh · g^{-1} 左右，明显高于 Zn_xIn_yS。库仑效率曲线还可以反映 SEI 膜的稳定性，Zn_xIn_yS/MXene 在记录的 450 次循环中能够保持稳定的放电容量，库仑效率高于 99%，表明锂离子在穿梭过程中具有良好的可逆性。容量的增加可归因于活性材料的逐渐活化。

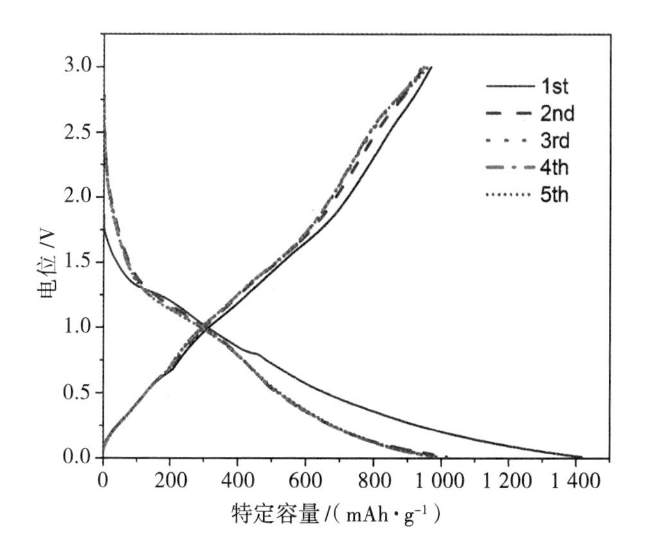

图 4.10　Zn_xIn_yS/MXene 在 50 mA · g^{-1} 下的恒电流充放电曲线

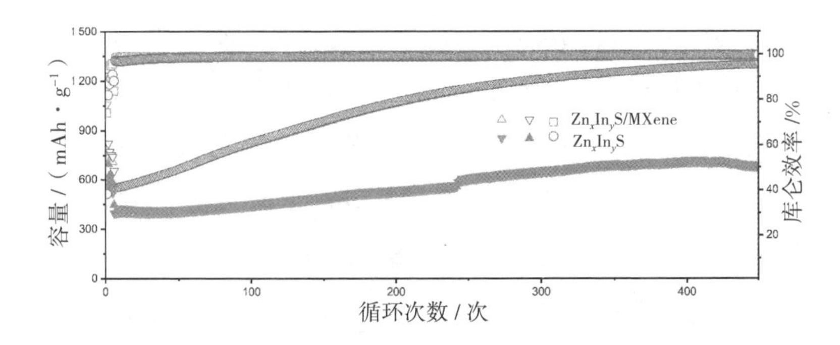

图 4.11　Zn_xIn_yS/MXene 在 500 mA · g^{-1} 下的循环性能测试

实验对负极材料的倍率性能也进行了测试，测试结果如图 4.12 所示。由图 4.12 可以看到，Zn_xIn_yS/MXene 在 0.05 A · g^{-1}、0.1 A · g^{-1}、0.2 A · g^{-1}、0.5 A · g^{-1}、1 A · g^{-1}、2 A · g^{-1} 和 3 A · g^{-1} 的电流密度下分别表现出 793 mAh · g^{-1}、685 mAh · g^{-1}、670 mAh · g^{-1}、650 mAh · g^{-1}、633 mAh · g^{-1}、597 mAh · g^{-1} 和 568 mAh · g^{-1} 的高放电容量。当电流密度增加到 3 A · g^{-1} 时，复合材料还表现出 568 mAh · g^{-1} 的可逆容量，远高于 Zn_xIn_yS。当电流密度恢复至 0.2 A · g^{-1} 时，容量升高并在后续循环中保持稳定。为了评估长循环性能，实验还进行了 1 A · g^{-1} 下 1 000 次循环的长循环性能测试，测试结果如图 4.13 所示。由图 4.13 可知，Zn_xIn_yS/MXene 还表现出卓越的循环稳定性，1 000 次循环后放电容量仍保持在 1 080 mAh · g^{-1}。与 Zn_xIn_yS 相比，Zn_xIn_yS/MXene 在高电流密度下的性能更好，原因可能是

MXene 作为导电基底，赋予了材料良好的导电性和独特的力学稳定性。

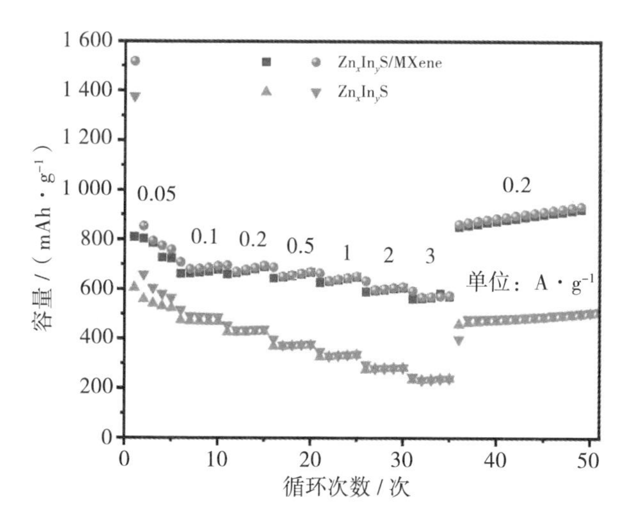

图 4.12　Zn_xIn_yS/MXene 和 Zn_xIn_yS 的倍率性能

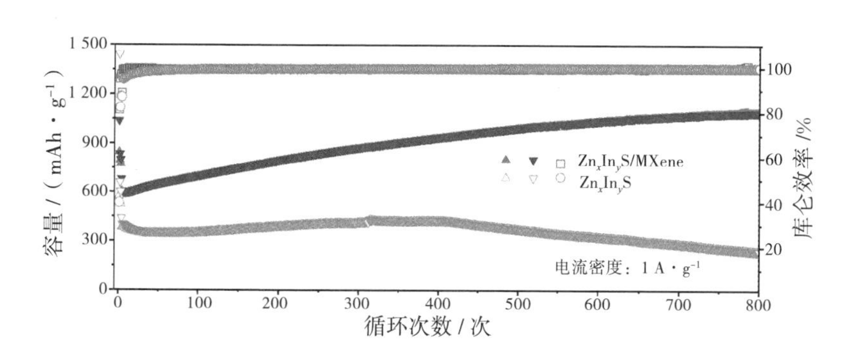

图 4.13　Zn_xIn_yS/MXene 和 Zn_xIn_yS 的长循环性能

为了进一步获知 Zn_xIn_yS/MXene 负极材料的内部动力学信息，实验对材料进行了交流阻抗测试，测试结果如图 4.14

所示。阻抗谱图中均包含一条弧线和一条直线，弧线对应电荷转移的阻抗，直线对应 Li^+ 的扩散阻抗。传荷阻抗 R_{ct} 是电子在界面处传导产生的阻抗，也称电极极化阻抗。通过拟合软件计算可知，Zn_xIn_yS/MXene 的 R_{ct} 为 450.2 Ω，略小于 Zn_xIn_yS 的 643.7 Ω。这进一步证明了 Zn_xIn_yS/MXene 具有优异的电化学性能。

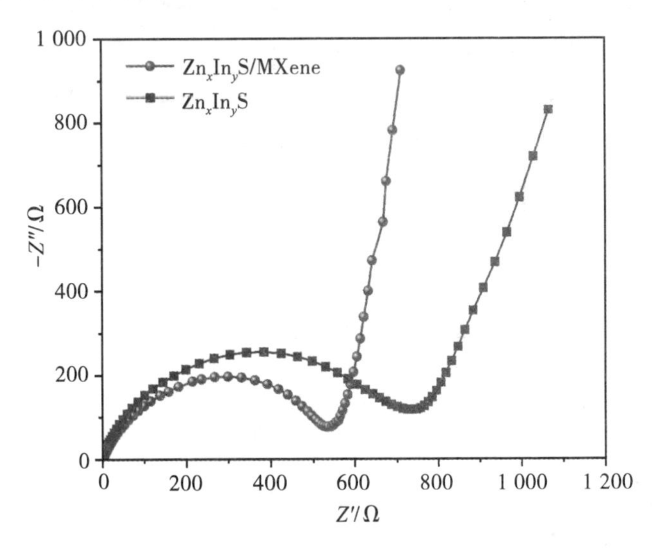

图 4.14　负极材料的电化学的交流阻抗谱图

4.4　本章小结

本章构建了 Zn_xIn_yS/MXene 异质结构，结合了 2D $Ti_3C_2T_x$ 纳米片和双金属 MOFs 结构的优点，设计的锌铟双金属MOFs比单金属MOFs增加了金属活性位点。实验通过一锅法合成双金属MOFs前驱体后，经过水热硫化得到MOFs衍生硫化物/MXene复合材料。相比于单一的Zn_xIn_yS，合成的Zn_xIn_yS/MXene复合材料具有优异的储锂性能。实验结果表明，Zn_xIn_yS/MXene复合材料作为负极在0.5 A·g^{-1}电流密度下循环450次后表现出1 300 mAh·g^{-1}的优异储锂性能，在1 A·g^{-1}的电流密度下，复合材料在循环800次后具有1 090.54 mAh·g^{-1}的放电容量。管状异质结构能够有效缩短离子传输距离，同时改善倍率性能，在3 A·g^{-1}的电流密度下，材料还具有较高的可逆容量。

结束语

锂离子电池合金类负极材料具有理论比容量高的优势，但较差的导电性和储锂时较大的体积膨胀制约了其进一步的应用。通过简易、可控的步骤对金属硫化物进行组分修饰优化或结构调控，提高金属硫化物的电子导电性并增大缓冲空间，对金属硫化物及其复合材料的处理性能提升具有重大意义。本书以铟基 MOFs 为基点，对铟基 MOFs 及其衍生物的结构和电化学储锂性能进行了讨论。主要研究内容以及结论如下：

第一，本书通过油浴法合成了 MIL-68（In）前驱体，以硫代乙酰胺为硫源进行溶剂热硫化，制备得到了 In_2S_3/C 材料。通过分析材料的形貌、结构和成分可知，In_2S_3/C 中既存在晶态又存在非晶结构。后续实验通过电化学性能测试，评估了 In_2S_3/C 作为锂离子电池负极材料的性能。结果表明，In_2S_3/C 纳米管作为负极在 0.5 $A \cdot g^{-1}$ 的电流密度下循环 400 次后表现出 693 $mAh \cdot g^{-1}$ 的优异储锂性能。

第二，本书还通过一锅法合成了双金属硫化物与 MXene 的复合材料，MXene 和双金属 MOFs 衍生硫化物组成的纳米复合结构不仅可以改善复合材料的导电性，还可以缓冲金属硫化物在充电和放电过程中的体积膨胀。结果表明，由于

MXene 和异质结构的协同效应，电极具有较高的储锂性能和快速的离子扩散动力。在电流密度为 0.5 $A \cdot g^{-1}$ 时，经过 450 次循环后，复合材料表现出 1 300 $mAh \cdot g^{-1}$ 的优异储锂性能。

以上实验为探究铟基 MOFs 及其衍生物复合材料提供了一定的方向，但后续研究仍需要在以下方面继续探索。

第一，本书制备得到的金属硫化物材料和双金属硫化物/MXene 复合材料的初始库仑效率比较低，存在副反应。后续研究需要提高初始库仑效率，避免容量损失。

第二，后续研究需要将材料组装成全电池，探究并分析其储锂性能。

第三，后续研究可将本书的制备工艺等推广到其他储能电池领域，如钠离子电池或钾离子电池。

参考文献

[1] DEBNATH K B, MOURSHED M. Challenges and gaps for energy planning models in the developing-world context[J]. Nature Energy, 2018, 3(3): 172–184.

[2] TIAN H J, WANG J H, LAI G C, et al. Renaissance of elemental phosphorus materials: properties, synthesis, and applications in sustainable energy and environment[J]. Chemical Society Reviews, 2023, 52(16): 5388–5484.

[3] ZHANG X, LI L, FAN E, et al. Toward sustainable and systematic recycling of spent rechargeable batteries[J]. Chemical Society Reviews, 2018, 47(19): 7239–7302.

[4] TIAN Y S, ZENG G B, RUTT A, et al. Promises and challenges of next-generation"beyond Li-ion"batteries for electric vehicles and grid decarbonization[J]. Chemical Reviews, 2021, 121(3): 1623–1669.

[5] PATEL M, MISHRA K, BANERJEE R, et al. Fundamentals, recent developments and prospects of lithium and non-lithium electrochemical rechargeable battery systems[J]. Journal of Energy Chemistry, 2023, 81: 221–259.

[6] SHAO Y Y, DING F, XIAO J, et al. Making Li-air batteries rechargeable: material challenges[J]. Advanced Functional Materials, 2013, 23(8): 987–1004.

[7] ETACHERI V, MAROM R, ELAZARI R, et al. Challenges in the development of advanced Li-ion batteries: a review[J]. Energy & Environmental Science, 2011, 4(9): 3243–3262.

[8] ERICKSON E M, MARKEVICH E, SALITRA G, et al. Review-development of advanced rechargeable batteries: a continuous challenge in the choice of suitable electrolyte solutions[J]. Journal of the Electrochemical Society, 2015, 162(14): 2424–2438.

[9] WHITTINGHAM M S. Electrical energy storage and intercalation chemistry[J]. Science, 1976, 192(4244): 1126–1127.

[10] ARMAND M. Materials for advanced batteries[M]. New York: Plenum Press, 1980.

[11] MIZUSHIMA K, JONES P C, WISEMAN P J, et al. Li_xCoO_2 ($0<x \leqslant 1$): a new cathode material for batteries of high energy density[J]. Materials Research Bulletin, 1980, 15(6): 783–789.

[12] YAZAMI R, TOUZAIN P. A reversible graphite-lithium negative electrode for electrochemical generators[J]. Journal of Power Sources, 1983, 9(3): 365–371.

[13] DU M C, PENG Z H, LONG X, et al. Tuning the metal ions of prussian blue analogues in separators to enable high-power lithium metal batteries[J]. Nano Letters, 2022, 22(12): 4861–4869.

[14] ZHANG S J, LI J H, JIANG N Y, et al. Rational design of an ionic liquid-based electrolyte with high ionic conductivity towards safe lithium/lithium-ion batteries[J]. Chemistry: an Asian Journal, 2019, 14(16): 2810–2814.

[15] DUNN B, KAMATH H, TARASCON J M. Electrical energy storage for the grid: a battery of choices[J]. Science, 2011, 334 (6058): 928–935.

[16] LIPSON H, STOKES A R. A new structure of carbon[J]. Nature, 1942, 149: 328.

[17] ASENBAUER J, EISENMANN T, KUENZEL M, et al. The success story of graphite as a lithium–ion anode material-fundamentals, remaining challenges, and recent developments including silicon(oxide)composites[J]. Sustainable Energy & Fuels, 2020, 4(11): 5387–5416.

[18] ZHAO W B, ZHAO C H, WU H, et al. Progress, challenge and perspective of graphite-based anode materials for lithium batteries: a review[J]. Journal of Energy Storage, 2024, 81: 110409.

[19] BILLAUD J, BOUVILLE F, MAGRINI T, et al. Magnetically aligned graphite electrodes for high–rate performance Li-ion batteries[J]. Nature Energy, 2016, 1: 16097.

[20] LU L L, LU Y Y, ZHU Z X, et al. Extremely fast-charging lithium ion battery enabled by dual-gradient structure design[J]. Science Advances, 2022, 8(17): 6624.

[21] FUJIMOTO H, TOKUMITSU K, MABUCHI A, et al. The anode performance of the hard carbon for the lithium ion battery derived from the oxygen-containing aromatic precursors[J]. Journal of Power Sources, 2010, 195(21): 7452–7456.

[22] SUN H, HE X M, REN J G, et al. Hard carbon/lithium composite anode materials for Li-ion batteries[J]. Electrochimica Acta, 2007, 52(13): 4312–4316.

[23] XIE L J, TANG C, BI Z H, et al. Hard carbon anodes for next-generation Li-ion batteries: review and perspective[J]. Advanced Energy Materials, 2021, 11(38): 2101650.

[24] CHEN C, LIANG Q W, CHEN Z X, et al. Phenoxy radical-induced formation of dual-layered protection film for high-rate and dendrite-free lithium-metal anodes[J]. Angewandte Chemie, 2021, 133(51): 26922–26928.

[25] LI S Q, WANG K, ZHANG G F, et al. Fast charging anode materials for lithium-ion batteries: current status and

perspectives[J]. Advanced Functional Materials, 2022, 32(23): 2200796.

[26] LIU Y Y, SHI H D, WU Z S. Recent status, key strategies and challenging perspectives of fast-charging graphite anodes for lithium-ion batteries[J]. Energy & Environmental Science, 2023, 16(11): 4834–4871.

[27] LI G L, CHEN H, ZHANG B, et al. Interfacial covalent bonding enables transition metal phosphide superior lithium storage performance[J]. Applied Surface Science, 2022, 582: 152404.

[28] ARMAND M, TARASCON J M. Building better batteries[J]. Nature, 2008, 451: 652–657.

[29] TENG Y Q, LIU H, LIU D D, et al. A hierarchically nanostructured composite of MoO_3-NiO/graphene for high-performance lithium-ion batteries[J]. Journal of Electrochemical Energy Conversion and Storage, 2021, 18(3): 031003.

[30] ZHENG M B, TANG H, LI L L, et al. Hierarchically nanostructured transition metal oxides for lithium-ion batteries[J]. Advanced Science, 2018, 5(3): 1700592.

[31] LIU R, MA G Q, LI H Z. Recent progress of lithium titanate as anode material for high performance lithium-ion batteries[J]. Ferroelectrics, 2021, 580(1): 172–194.

[32] LV L F, PENG M D, WU L X, et al. Progress in iron oxides based nanostructures for applications in energy storage[J]. Nanoscale Research Letters, 2021, 16(1): 138.

[33] LEE S H, YU S H, LEE J E, et al. Self-assembled Fe_3O_4 nanoparticle clusters as high-performance anodes for lithium ion batteries via geometric confinement[J]. Nano Letters, 2013, 13(9): 4249–4256.

[34] WEI W, YANG S, ZHOU H, et al. 3D graphene foams cross-linked with pre-encapsulated Fe_3O_4 nanospheres for enhanced lithium storage[J]. Advanced Materials, 2013, 25(21): 2909–2914.

[35] GAO G, ZHANG Q, CHENG X B, et al. CNTs in situ attached to α-Fe_2O_3 submicron spheres for enhancing lithium storage capacity[J]. ACS Applied Materials & Interfaces, 2015, 7(1): 340–350.

[36] DONG Y F, LIU S H, LIU Y, et al. Rational design of metal oxide hollow nanostructures decorated carbon nanosheets for superior lithium storage[J]. Journal of Materials Chemistry A, 2016, 4(45): 17718–17725.

[37] WANG S C, QU C W, WEN J W, et al. Progress of transition metal sulfides used as lithium-ion battery anodes[J]. Materials Chemistry Frontiers, 2023, 7(14): 2779–2808.

[38] LIU K K, ZHANG W J, LEE Y H, et al. Growth of large-area and highly crystalline MoS_2 thin layers on insulating substrates[J]. Nano Letters, 2012, 12(3): 1538–1544.

[39] KIM J Y, KIM D H, KWON M K. Controlled growth of large-area and high-quality molybdenum disulfide[J]. Japanese Journal of Applied Physics, 2017, 56(11): 110302.

[40] ZHANG X H, HUANG X H, XUE M Q, et al. Hydrothermal synthesis and characterization of 3D flower-like MoS_2 microspheres[J]. Materials Letters, 2015, 148: 67–70.

[41] LI Z Y, OTTMANN A, SUN Q, et al. Hierarchical MoS_2-carbon porous nanorods towards atomic interfacial engineering for high-performance lithium storage[J]. Journal of Materials Chemistry A, 2019, 7(13): 7553–7564.

[42] BEATTIE S D, LOVERIDGE M J, LAIN M J, et al. Understanding capacity fade in silicon based electrodes for lithium-ion batteries using three electrode cells and upper cut-off voltage studies[J]. Journal of Power Sources, 2016, 302: 426–430.

[43] XIAO Q F, GU M, YANG H, et al. Inward lithium-ion breathing of hierarchically porous silicon anodes[J]. Nature Communications, 2015, 6: 8844.

[44] ZHU G J, ZHANG F Z, LI X M, et al. Engineering the distribution of carbon in silicon oxide nanospheres at the

atomic level for highly stable anodes[J]. Angewandte Chemie International Edition, 2019, 58(20): 6669–6673.

[45] LIU N, LU Z D, ZHAO J, et al. A pomegranate-inspired nanoscale design for large-volume-change lithium battery anodes[J]. Nature Nanotechnology, 2014, 9(3): 187–192.

[46] UCHIDA G, NAGAI K, HABU Y, et al. Nanostructured Ge and GeSn films by high-pressure He plasma sputtering for high-capacity Li ion battery anodes[J]. Scientific Reports, 2022, 12(1): 1742.

[47] YUE C, LIU Z M, CHANG W J, et al. Hollow C nanobox: an efficient Ge anode supporting structure applied to high-performance Li ion batteries[J]. Electrochimica Acta, 2018, 290: 236–243.

[48] CHEN Y, MA L B, SHEN X P, et al. In-situ synthesis of Ge/reduced graphene oxide composites as ultrahigh rate anode for lithium-ion battery[J]. Journal of Alloys and Compounds, 2019, 801: 90–98.

[49] WANG L B, BAO K Y, LOU Z S, et al. Chemical synthesis of germanium nanoparticles with uniform size as anode materials for lithium ion batteries[J]. Dalton Transactions, 2016, 45(7): 2814–2817.

[50] LI D, WANG H Q, LIU H K, et al. A new strategy for achieving a high performance anode for lithium ion batteries:

encapsulating germanium nanoparticles in carbon nanoboxes[J]. Advanced Energy Materials, 2016, 6(5): 1501666.

[51] LIU S K, CHENG C, HAO Z X, et al. Space-confined synthesis of a novel Ge@HCS-rGO yolk-shell nanostructure as anode materials for enhanced lithium storage[J]. Journal of Alloys and Compounds, 2022, 929: 167219.

[52] BHOITE A A, PATIL K V, REDEKAR R S, et al. Recent advances in metal-organic framework (MOF) derived metal oxides and their composites with carbon for energy storage applications[J]. Journal of Energy Storage, 2023, 77: 213093.

[53] LI Y, XU Y X, YANG W P, et al. MOF-derived metal oxide composites for advanced electrochemical energy storage[J]. Small, 2018, 14(25): 1704435.

[54] CUI W G, HU T L, BU X H. Metal-organic framework materials for the separation and purification of light hydrocarbons[J]. Advanced Materials, 2020, 32(3): 1806445.

[55] YANG S Q, HU T L. Reverse-selective metal-organic framework materials for the efficient separation and purification of light hydrocarbons[J]. Coordination Chemistry Reviews, 2022, 468: 214628.

[56] YAGHI O M, LI G M , LI H L. Selective binding and removal of guests in a microporous metal-organic framework[J]. Nature, 1995, 378(6558):703–706.

[57] DING Y J, CHEN Y P, ZHANG X L, et al. Controlled intercalation and chemical exfoliation of layered metal-organic frameworks using a chemically labile intercalating agent[J]. Journal of the American Chemical Society, 2017, 139(27): 9136–9139.

[58] LU W G , WEI Z W, GU Z Y, et al. Tuning the structure and function of metal-organic frameworks via linker design[J]. Chemical Society Reviews, 2014, 43(16): 5561–5593.

[59] DENG H X, GRUNDER S, CORDOVA K E, et al. Large-pore apertures in a series of metal-organic frameworks [J]. Science, 2012, 336(6084): 1018–1023.

[60] CHANG C K, KO T R, LIN T Y, et al. Mixed-linker strategy for suppressing structural flexibility of metal-organic framework membranes for gas separation[J]. Communications Chemistry, 2023, 6(1): 118.

[61] JIAO L, SEOW J Y R, SKINNER W S, et al. Metal-organic frameworks: structures and functional applications[J]. Materials Today, 2019, 27: 43–68.

[62] LI H L, EDDAOUDI M, O'KEEFFE M, et al. Design and synthesis of an exceptionally stable and highly porous metal: organic framework[J]. Nature, 1999, 402(6759): 276–279.

[63] CHEN Z J, KIRLIKOVALI K O, LI P, et al. Reticular chemistry for highly porous metal-organic frameworks: the chemistry and

applications[J]. Accounts of Chemical Research, 2022, 55(4): 579–591.

[64] ZHANG X L, HU X G, WU H, et al. Persistence and recovery of ZIF-8 and ZIF-67 phytotoxicity[J]. Environmental Science & Technology, 2021, 55(22): 15301–15312.

[65] SALIBA D, AMMAR M, RAMMAL M, et al. Crystal growth of ZIF-8, ZIF-67, and their mixed-metal derivatives[J]. Journal of the American Chemical Society, 2018, 140(5): 1812–1823.

[66] WANG K C, LV X L, FENG D W, et al. Pyrazolate-based porphyrinic metal-organic framework with extraordinary base-resistance[J]. Journal of the American Chemical Society, 2016, 138(3): 914–919.

[67] KHOLDEEVA O A, SKOBELEV I Y, IVANCHIKOVA I D, et al. Hydrocarbon oxidation over Fe- and Cr-containing metal-organic frameworks MIL-100 and MIL-101 a comparative study[J]. Catalysis Today, 2014, 238: 54–61.

[68] LIU C, WANG J, WAN J J, et al. MOF-on-MOF hybrids: synthesis and applications[J]. Coordination Chemistry Reviews, 2021, 432: 213743.

[69] HONG D H, SHIM H S, HA J S, et al. MOF-on-MOF architectures: applications in separation, catalysis, and sensing[J]. Bulletin of the Korean Chemical Society, 2021, 42(7): 956–969.

[70] LI Y, KARIMI M, GONG Y N, et al. Integration of metal–organic frameworks and covalent organic frameworks: design, synthesis, and applications[J]. Matter, 2021, 4(7): 2230–2265.

[71] SHI L X, SHI Y H, XU Y Q, et al. Metal-organic framework membranes with varying metal ions for enhanced water and wastewater treatment: a critical review[J]. Journal of Environmental Chemical Engineering, 2023, 11(6): 111468.

[72] HE J J, WANG N, YANG Z, et al. Fluoride graphdiync as a free-standing electrode displaying ultra-stable and extraordinary high Li storage performance[J]. Energy & Environmental Science, 2018, 11(10): 2893–2903.

[73] JIANG Q, XIONG P X, LIU J J, et al. A redox-active 2D metal-organic framework for efficient lithium storage with extraordinary high capacity[J]. Angewandte Chemie International Edition, 2020, 59(13): 5273–5277.

[74] XU T J, WANG Y H, XUE Y H, et al. MXenes@metal-organic framework hybrids for energy storage and electrocatalytic application: insights into recent advances[J]. Chemical Engineering Journal, 2023, 470: 144247.

[75] LIANG Y T, YANG Q. Metal-organic framework derived MnO/carbon cloth loaded by MnO nanoparticles as a high-performance self-supporting anode for lithium-ion batteries[J]. Journal of Electronic Materials, 2022, 51(9): 5273–5281.

[76] LIN J P, WU Q L, QIAO J, et al. A review on composite strategy of MOF derivatives for improving electromagnetic wave absorption[J]. iScience, 2023, 26(7): 107132.

[77] WANG T, CHEN S Q, CHEN K J. Metal-organic framework composites and their derivatives as efficient electrodes for energy storage applications: recent progress and future perspectives[J]. The Chemical Record, 2023, 23(6): 202300006.

[78] CHEN Y Y, WANG Y, YANG H X, et al. Facile synthesis of porous hollow Co_3O_4 microfibers derived-from metal-organic frameworks as an advanced anode for lithium ion batteries[J]. Ceramics International, 2017, 43(13): 9945–9950.

[79] TIAN W, HU H, WANG Y X, et al. Metal-organic frameworks mediated synthesis of one-dimensional molybdenum-based/carbon composites for enhanced lithium storage[J]. ACS Nano, 2018, 12(2): 1990–2000.

[80] GUO W X, SUN W W, WANG Y. Multilayer CuO@NiO hollow spheres: microwave-assisted metal-organic-framework derivation and highly reversible structure-matched stepwise lithium storage[J]. ACS Nano, 2015, 9(11): 11462–11471.

[81] FEREY G, MILLANGE F, MORERETTE M, et al. Mixed-valence Li/Fe-based metal-organic frameworks with both reversible redox and sorption properties[J]. Angewandte Chemie International Edition, 2007, 46(18): 3259–3263.

[82] ZHANG Z, YOSHIKAWA H, AWAGA K. Monitoring the solid-state electrochemistry of Cu(2,7-AQDC)(AQDC=anthraquinone dicarboxylate) in a lithium battery: coexistence of metal and ligand redox activities in a metal-organic framework[J]. Journal of the American Chemical Society, 2014, 136(46): 16112–16115.

[83] FOLEY S, GEANEY H, BREE G, et al. Copper sulfide(Cu_xS) nanowire-in-carbon composites formed from direct sulfurization of the metal-organic framework HKUST–1 and their usc as Li-ion battery cathodes[J]. Advanced Functional Materials, 2018, 28(19): 1800587.

[84] WANG Z Y, HE W, ZHANG X D, et al. Multilevel structures of $Li_3V_2(PO_4)_3$/phosphorus-doped carbon nanocomposites derived from hybrid V–MOFs for long-life and cheap lithium ion battery cathodes[J]. Journal of Power Sources, 2017, 366: 9–17.

[85] CHAI H, GAO L L, WANG P, et al. In_2S_3/Fe_2O_3 type- Ⅱ heterojunction bonded by interfacial S–O for enhanced charge separation and transport in photoelectrochemical water oxidation[J]. Applied Catalysis B: Environmental, 2022, 305: 121011.

[86] MA X, LI W, LI H, et al. Fabrication of novel and noble-metal-free MoP/In_2S_3 schottky heterojunction photocatalyst with efficient charge separation for enhanced photocatalytic H_2 evolution under visible light[J]. Journal of Colloid and Interface Science, 2022, 617: 284–292.

[87] WANG Y, XING Z, ZHAO H, et al. MoS_2@In_2S_3@Bi_2O_3 core-shell dual Z-scheme tandem heterojunctions with broad-spectrum response and enhanced photothermal-photocatalytic performance[J]. Chemical Engineering Journal, 2022, 431: 133355.

[88] CHANG Y, SUO K L, WANG Y H, et al. In_2S_3@TiO_2/ In_2S_3 Z-scheme heterojunction with synergistic effect for enhanced photocathodic protection of steel[J]. Molecules, 2023, 28(18): 6554.

[89] CHEN Z, SU T, LUO X, et al. Preparation of $CuFe_2O_4$/In_2O_3 composite for photocatalytic degradation of tetracycline under visible light irradiation[J]. Reaction Kinetics Mechanisms and Catalysis, 2024, 137(1): 587–606.

[90] PULIPAKA S, KOUSHIK A K S, DEEPA M, et al. Enhanced photoelectrochemical activity of Co-doped β-In_2S_3 nanoflakes as photoanodes for water splitting[J]. Rsc Advances, 2019, 9(3): 1335–1340.

[91] ZHENG X G, FAN Y J, PENG H, et al. S-defected In_2S_3/ZnS nanospheres for enhancing solar-light photocatalytic capacity[J]. Colloids and Surfaces A: Physicochemical and Engineering Aspects, 2021, 627: 127126.

[92] CONG C, MA H B. Advances of electroactive metal-organic frameworks[J]. Small, 2023, 19(15): 2207547.

[93] WU F H, WU B K, MU Y B, et al. Metal-organic framework-based materials in aqueous zinc-ion batteries[J]. International Journal of Molecular Sciences, 2023, 24(7): 6041.

[94] ZHOU J E, XU Z H, LI Y L, et al. Oxygen-deficient metal-organic framework derivatives for advanced energy storage: multiscale design, application, and future development[J]. Coordination Chemistry Reviews, 2023, 494: 215348.

[95] ZHUANG X L, ZHANG S T, TANG Y J, et al. Recent progress of MOF/MXene-based composites: synthesis, functionality and application[J]. Coordination Chemistry Reviews, 2023, 490: 215208.

[96] YU L, YU X Y, LOU X W. The design and synthesis of hollow micro-/nanostructures: present and future trends[J]. Advanced Materials, 2018, 30(38): 1800939.

[97] YAO L, GU Q F, YU X B. Three-dimensional MOFs@MXene aerogel composite derived MXene threaded hollow carbon confined CoS nanoparticles toward advanced alkali-ion batteries[J]. Acs Nano, 2021, 15(2): 3228–3240.

[98] LIAO Z, MA M, TONG Z, et al. Fabrication of one-dimensional $ZnFe_2O_4$@carbon@MoS_2/FeS_2 composites as electromagnetic wave absorber[J]. Journal of Colloid and Interface Science, 2021, 600: 90–98.

[99] RAHMATINEJAD J, LIU X D, ZHANG X M, et al. Embedding amorphous MoS_x within hierarchical porous carbon by facile one-pot synthesis for superior sodium ion storage[J]. Journal of Energy Chemistry, 2022, 75: 240–249.

[100] YANG L J, DENG T W, JIA Z R, et al. Hierarchical porous hollow graphitized carbon@ MoS_2 with wideband EM dissipation capability[J]. Journal of Materials Science & Technology, 2021, 83: 239–247.

[101] LIU Y, XIAO P D, DU L Y, et al. Defect-induced room temperature ferromagnetism in Cu-doped In_2S_3 Qds[J]. Physical Chemistry Chemical Physics, 2020, 22(40): 23121–23127.

[102] LIU Y, XU H Y, QIAN Y T. Double-source approach to In_2S_3 single crystallites and their electrochemical properties[J]. Crystal Growth & Design, 2006, 6(6): 1304–1307.

[103] HUANG Y, WANG Z, JIANG Y, et al. Conductivity and pseudocapacitance optimization of bimetallic antimony-indium sulfide anodes for sodium-ion batteries with favorable kinetics[J]. Advanced Science, 2018, 5(10): 1800613.

[104] LOU P L, TAN Y B, LU P, et al. Novel one-step gas-phase reaction synthesis of transition metal sulfide nanoparticles embedded in carbon matrices for reversible lithium storage[J]. Journal of Materials Chemistry A, 2016, 4(43): 16849–16855.

[105] HE S H, LI Z P, WANG J Q. Bimetallic MOFs with tunable morphology: synthesis and enhanced lithium storage properties[J]. Journal of Solid State Chemistry, 2022, 307: 122726.

[106] CHEN L Y, WANG H F, LI C X, et al. Bimetallic metal-organic frameworks and their derivatives[J]. Chemical Science, 2020, 11(21): 5369–5403.

[107] FAN M K, YAN J W, CUI Q T, et al. Synthesis and peroxide activation mechanism of bimetallic MOF for water contaminant degradation: a review[J]. Molecules, 2023, 28(8): 3622.

[108] JALAL N R, MADRAKIAN T, AFKHAMI A, et al. Ni/Co bimetallic metal-organic frameworks on nitrogen-doped graphene oxide nanoribbons for electrochemical sensing of doxorubicin[J]. Acs Applied Nano Materials, 2022, 5(8): 11045–11058.

[109] ZHANG Z, LIU J, WANG Z, et al. Bimetallic Fe-Cu-based metal-organic frameworks as efficient adsorbentsss for gaseous elemental mercury removal[J]. Industrial & Engineering Chemistry Research, 2021, 60(1): 781–789.

[110] ZHENG F B, LIN T, WANG K, et al. Recent advances in bimetallic metal-organic frameworks and their derivatives for thermal catalysis[J]. Nano Research, 2023, 16(12): 12919–12935.

[111] LIU S, QIU Y Z, LIU Y F, et al. Recent advances in bimetallic metal-organic frameworks(BMOFs): synthesis, applications and challenges[J]. New Journal of Chemistry, 2022, 46(29): 13818–13837.

[112] LI M K, SUN Y Y, FENG D Y, et al. Thermally conductive polyvinyl alcohol composite films via introducing hetero-structured MXene@silver fillers[J]. Nano Research, 2023, 16(5): 7820–7828.

[113] JIA Z R, LAN D, CHANG M, et al. Heterogeneous interfaces and 3D foam structures synergize to build superior electromagnetic wave absorbers[J]. Materials Today Physics, 2023, 37: 101215.

[114] WU J, CHEN Y, ZHANG L, et al. Electrostatic self-assembled MXene@PDDA-Fe_3O_4 nanocomposite: a novel, efficient, and stable low-temperature phosphating accelerator[J]. Journal of Industrial and Engineering Chemistry, 2024, 129: 424–434.

[115] ZHOU P, ZHU Q, SUN X, et al. Recent advances in MXene-based membrane for solar-driven interfacial evaporation desalination[J]. Chemical Engineering Journal, 2023, 464: 142508.

[116] XU T J, WANG Y H, XIONG Z Z, et al. A rising 2D star: novel MBenes with excellent performance in energy conversion and storage[J]. Nano-Micro Letters, 2022, 15(1): 6.

[117] SONG J L, CHAI L L, KUMAR A, et al. Precise tuning of hollow and pore size of bimetallic MOFs derivate to construct high-performance nanoscale materials for supercapacitors and sodium-ion batteries[J]. Small, 2023, 20(14): 2306272.